Kurt Klagenfurt

Technologische Zivilisation und transklassische Logik

Kurt Klagenfurt arbeitet am Institut für Technik- und Wissenschaftsforschung der Fakultät für Interdisziplinäre Forschung und Fortbildung an der Alpen-Adria-Universität in Klagenfurt (Österreich).

Kurt Klagenfurt

Technologische Zivilisation und transklassische Logik

Eine Einführung in die Technikphilosophie Gotthard Günthers

Metropolis-Verlag
Marburg 2016

Bibliografische Information Der Deutschen Nationalbibliothek
Die Deutsche Nationalbibliothek verzeichnet diese Publikation in der Deutschen Nationalbibliografie; detaillierte bibliografische Daten sind im Internet über <http://dnb.ddb.de> abrufbar.

Metropolis-Verlag für Ökonomie, Gesellschaft und Politik GmbH
http://www.metropolis-verlag.de

Faksimilie-Ausgabe der 1995 im Suhrkamp-Taschenbuch-Verlag erschienenen ersten Auflage des Bandes. Wir danken dem Suhrkamp-Verlag für die Freigabe der Rechte.

ISBN 978-3-7316-1195-0

Inhalt

Einleitung
Wer war Gotthard Günther?

Die heutigen Technologien, allen voran die im Bereich der Künstlichen Intelligenz (KI), aber auch die Gen- und die humanmedizinischen Reproduktionstechnologien, setzen die alte philosophische Frage nach der Identität des Menschen, nach dem, was der Mensch sei, erneut auf die Tagesordnung. Sie stellen sie auf einer historisch neuen Stufe der Auseinandersetzung des Menschen mit der Natur. Sie formulieren diese Frage nicht kontemplativ, sondern handlungspraktisch. Mit den Technologien, die wir heute entwickeln, entwerfen wir gesellschaftliche Zukünfte und grenzen andere aus. Wenn wir uns die Arbeiten von Hermann Haken, Ilya Prigogine, Manfred Eigen oder Humberto Maturana anschauen, dann läßt sich ohne Übertreibung sagen, daß in den Naturwissenschaften gegenwärtig zunehmend über die Möglichkeit von Erkenntnis und Wahrheit bzw. deren Grenzen in philosophischer Weise nachgedacht wird. Naturwissenschaftler und Techniker aber betreiben Philosophie in einem ganz handfesten Sinn: Sie interpretieren die Welt nicht nur, sie verändern sie auch. Dieser Wandel in der Auseinandersetzung des Menschen mit der Natur tritt im zweiten Drittel des vorigen Jahrhunderts offen zutage. Industrielle Produktion wird zur angewandten Wissenschaft. Der moderne Produktionsprozeß nimmt, auf erweiterter sozialer Stufenleiter, die Form eines wissenschaftlichen Experiments an. Dieser gesellschaftshistorische Übergang von der eher kontemplativ-philosophischen Auseinandersetzung des Menschen mit den Geheimnissen der Natur zu ihrer handlungspraktischen Um- und Neukonstruktion, der für die gesamte Moderne charakteristisch ist, findet seine lebensgeschichtliche Entsprechung in der Person und im Werk des Philosophen und Logikers Gotthard Günther.[1]

1 Vgl. Gotthard Günther, »Selbstdarstellung im Spiegel Amerikas«, in: Ludwig S. Pongratz (Hg.), *Philosophie in Selbstdarstellungen*, Band 2, Hamburg 1979, Seite 1-76; ferner Arno Bammé, »Entfesselte Logik. Gotthard Günther: Ein Leben zwischen den Welten«, in: Ernst Kotz-

Geboren wird Gotthard Günther am 15. 6. 1900 in einem ländlichen Pfarrhaus in Schlesien. Früh, bereits als Jugendlicher, setzt er sich mit der Theologie Karl Heims und der Geschichtsphilosophie Oswald Spenglers auseinander. Seine akademische Ausbildung beginnt Gotthard Günther 1921 in Heidelberg, setzt sie dann nach kurzer Unterbrechung in Berlin fort. Sein Interesse gehört der östlichen Philosophie. Er belegt Indologie, klassisches Chinesisch, Sanskrit, später dann früheuropäische Philosophie. Der europäischen Philosophie wendet Gotthard Günther sich zu, weil ihm das östliche Denken zu wenig exakt ist. Zum Schlüsselerlebnis werden ihm die Hegel-Vorlesungen Eduard Sprangers. Ihm wird klar, daß der Weg der Philosophie unweigerlich über Kant hinausführen müsse und daß alle zukünftigen Problemstellungen in der Philosophie von der Hegelschen Logik auszugehen haben. Damit neigt sich der erste Abschnitt seines Studiums dem Ende zu. Als dessen äußere Frucht erscheinen 1926[2] sowie 1927 und 1928[3] zwei kleinere Abhandlungen. In den darauf folgenden Jahren vertieft sich Gotthard Günther in das Studium der Schriften Hegels. 1933 publiziert er im Leipziger Verlag von Felix Meiner seine *Grundzüge einer neuen Theorie des Denkens in Hegels Logik*. Im selben Jahr promoviert er bei Spranger zum Doktor der Philosophie.

Von 1935 bis 1937 ist Gotthard Günther Assistent bei Arnold Gehlen in Leipzig. Gemeinsam mit Helmut Schelsky veröffentlicht er 1937 bei Hirzel in Leipzig das Buch *Christliche Metaphysik und das Schicksal des modernen Bewußtseins*. Im selben Jahr folgt er seiner Frau, die als Jüdin bereits 1933 emigriert war, nach Italien. Eine zweijährige Lehrtätigkeit als Carnegie-Dozent an der Universität Stellenbosch in Südafrika schließt sich an. 1940 wandert er in die USA aus. Er möchte dort Anschluß an die neueren Forschungen auf dem Gebiet der mathematischen Logik gewinnen. Er beginnt seine akademische Tätigkeit 1942 mit philosophi-

mann (Hg.), *Gotthard Günther – Technik, Logik, Technologie*, München und Wien 1994.

2 »Bemerkungen zum Problem einer Strukturdifferenz der orientalischen und abendländischen Psyche«, in: *Zeitschrift für Missionskunde und Religionswissenschaft* 41 (1926), Seite 100 ff.

3 »Individualität und Religionsgeschichte«, in: *Zeitschrift für Missionskunde und Religionswissenschaft* 42 (1927), Seite 337 ff.; 43 (1928), Seite 232 ff.

schen Vorlesungen am Colby College in Maine. Durch Vermittlung von Robert Ulich erhält Günther ein Forschungsstipendium der US Army. Nebenbei hält er Vorlesungen am Cambridge Adult Education Center. In diese Zeit fallen häufige Begegnungen mit Ernst Bloch.

1945 beginnt Gotthard Günther seine Studien über Kalkültechnik. Er formuliert erste reflexionstheoretische Interpretationen mehrwertiger Logiken und gelangt endgültig zu der Überzeugung, daß eine philosophische Erneuerung, das heißt eine umfassendere metaphysische Grundlegung der Logik und nicht ein bloß technisches Verbessern der bisherigen Denkgewohnheiten, wie sie die zeitgenössische mathematische Logik anstrebte, erfolgen müsse. Ihm wird zunehmend klarer, daß eine Erweiterung der philosophischen Logik zwangsläufig zu einer technischen Erweiterung des Logikkalküls, und zwar durch Übergang zu einer Theorie der Mehrwertigkeit, führen müsse – seit den zwanziger Jahren liegen erste Untersuchungen von Emil Post und Jan Łukasiewicz aus mathematischer Sicht vor –, daß dieser Übergang sich aber nicht auf die rein technisch-instrumentelle Dimension eines solchen Vorhabens beschränken lasse. Vielmehr bedürfe es einer neuen philosophischen Konzeption der Frage, was Logik überhaupt sei, eine Konzeption, die zu entwickeln mathematisch orientierte Logiker bisher nicht imstande waren. Seine Forschungen auf diesem Gebiet werden ab 1952 für neun Jahre von der Bollingen Foundation finanziell gefördert.

1948 nimmt Gotthard Günther die amerikanische Staatsbürgerschaft an. Im April desselben Jahres beginnt eine zwanzig Jahre währende Freundschaft mit John W. Campbell jr., der ihn auf die Bedeutung der Science Fiction in den USA aufmerksam macht. Gotthard Günther versucht, die »gehobene« amerikanische Science-Fiction-Literatur in Deutschland bekannt zu machen, und beginnt 1952 mit der Herausgabe von »Rauchs Weltraum Büchern« im Düsseldorfer Karl-Rauch-Verlag. Unter anderem gibt er Isaac Asimovs *Ich, der Robot* heraus, versehen mit dem programmatischen Nachwort »Die ›zweite‹ Maschine«. Es erscheinen verschiedene Veröffentlichungen von ihm zum Thema, unter anderem »Amerika und die Sache der Weltraumliteratur«.

1953, auf dem Internationalen Kongreß für Philosophie in Brüssel, trägt Gotthard Günther den ersten Entwurf seiner transzendentallogisch inspirierten mehrwertigen Logik vor: »Die philosophische Idee einer nicht-Aristotelischen Logik«. 1955 erhält Gotthard Günther, research fellow der Bollingen Foundation, von der Hamburger Universität die Einladung, im Wintersemester 1955/56 eine Gastvorlesung zu halten. Der Wiederanschluß Gotthard Günthers an das akademische Leben in Deutschland geht auf eine Initiative Helmut Schelskys und Carl Friedrich von Weizsäckers zurück. Von 1957 an erscheinen kontinuierlich Günthers Beiträge zu einer Reflexionsvorgänge formalisierenden dialektischen Logik, unter anderem »Metaphysik, Logik und die Theorie der Reflexion«[4], »Die Aristotelische Logik des Seins und die nicht-Aristotelische Logik der Reflexion«[5], *Idee und Grundriß einer nicht-Aristotelischen Logik*[6], *Das Bewußtsein der Maschinen – Eine Metaphysik der Kybernetik*.[7]

1960 lernt Gotthard Günther Warren Sturgis McCulloch kennen. Zwischen beiden entwickelt sich eine tiefe Freundschaft. McCulloch lädt ihn zu Vorträgen an das Institute of Technology in Chicago und an das Department of Electrical Engineering der University of Illinois in Urbana ein. Sowohl in Chicago als auch in Urbana wird ihm eine Professur angeboten. Gotthard Günther entschließt sich, das Angebot in Urbana anzunehmen, nicht zuletzt weil dort Heinz von Foerster als Direktor das Biological Computer Laboratory leitet. In ihm arbeiten und wirken unter anderem William Ross Ashby, Humberto Maturana und Lars Löfgren. Für den ehemaligen Dozenten der Philosophie ist es zunächst ein etwas wunderliches Gefühl, das letzte Jahrzehnt seiner wissenschaftlichen Tätigkeit als Professor für biologische Computerlogik am Department of Electrical Engineering zuzubringen. Doch lehnt er zwei Angebote, wieder in den akademischen Bereich der Philosophie zurückzukehren, ab. Als unüberwindlich erscheinen ihm inzwischen die Gegensätze zur »Kathederphilosophie«. Seine Stelle an der Universität von Illinois wird aus Mitteln der US Air Force finanziert. Da es sich um eine reine Forschungsprofessur handelt, ist es ihm möglich, mehrfach Gastprofessuren an der Universität Hamburg wahrzunehmen. In einer Reihe von

4 In: *Archiv für Philosophie*, Stuttgart, 7 (1957) 1/2, Seite 1 ff.

5 In: *Zeitschrift für philosophische Forschung*, Meisenheim, 12 (1958), Seite 360 ff.

6 In der ersten Auflage noch als Band 1 bezeichnet; Hamburg 1959.

7 Krefeld und Baden Baden 1963.

Arbeiten stellt Gotthard Günther sein Konzept der Morpho- und Kenogrammatik zur Diskussion: »Cybernetic Ontology and Transjunctional Operations«[8], »Das metaphysische Problem einer Formalisierung der transzendental-dialektischen Logik«[9], »Logik, Zeit, Emanation und Evolution«[10], »Time, Timeless Logic and Self-Referential Systems«[11], »Natural Numbers in Trans-Classic Systems«.[12]

1972 beendet Gotthard Günther seine Tätigkeit am Biological Computer Laboratory. Nach seiner Emeritierung hält er ständige Gastvorlesungen an der Universität Hamburg. Zahlreich auch ist seine Vortragstätigkeit an der Freien und der Technischen Universität in West-Berlin, an der Akademie der Wissenschaften in Ost-Berlin und auf den Kongressen der Hegel-Gesellschaft. Seine Bemühungen um eine mehrwertige reflexive Logik und die ihr korrespondierende Arithmetik kulminieren schließlich im Begriff der Polykontexturalität.

In einer seiner letzten Arbeiten, 1979 auf dem Hegelkongreß in Belgrad, skizziert Gotthard Günther unter dem Thema »Identität, Gegenidentität und Negativsprache«[13] eine allgemeine Theorie der Negativsprachen, Sprachen, die den herkömmlichen gegenstandsbezogenen positiven Wissenschaftssprachen entgegengestellt werden. In ihnen geht es um formale Kalküle, die Möglichkeitsräume (Handlungsalternativen und Handlungsfolgen) in operationaler Weise abzubilden versuchen. 1976 erscheint bei Meiner in Hamburg der erste, 1979 der zweite und 1980 der dritte Band der *Beiträge zur Grundlegung einer operationsfähigen Dialektik*. 1978 kommt, ebenfalls bei Felix Meiner, die zweite, erweiterte Auflage sowohl der *Grundzüge einer neuen Theorie des Denkens in Hegels Logik* als auch von *Idee und Grundriß einer nicht-Aristotelischen Logik* heraus. Am 29. 11. 1984 stirbt Gotthard Günther in Hamburg.

8 In: *Self-Organizing Systems*, Washington 1962, Seite 313 ff.
9 In: *Hegel-Studien*, Beiheft 1, Bonn 1962, Seite 313 ff.
10 Heft Nr. 136 der Arbeitsgemeinschaft für Forschung des Landes Nordrhein-Westfalen, Köln und Opladen 1967.
11 In: *Interdisciplinary Perspectives of Time. Annals of the New York Academy of Sciences* 138 (1967), Seite 396 ff.
12 In: *Journal of Cybernetics*, Washington, 1 (1971) 2, Seite 23 ff.; 1 (1971) 3, Seite 50 ff.
13 In: *Hegel-Jahrbuch*, Köln 1980, Seite 22-88.

1. Technologische Zivilisation

1. Operationale Theorie

»Die Welt, in der wir leben«, ist heute eine künstliche Welt geworden. Wir bedienen uns der Plan- und Berechenbarkeit, die diese Welt verspricht, mit großer Selbstverständlichkeit. Etwa wenn wir vorhaben, mit dem Auto von Kiel nach Hamburg zu fahren. Nehmen wir an, wir seien diese Strecke noch nie gefahren, Erfahrungswerte liegen nicht vor. Wir wollen um 15 Uhr in Hamburg sein und wissen nicht, wann wir losfahren sollen, wissen nichts über die Strecke und auch nicht die genaue Entfernung. Es gibt nun zwei unterschiedliche, mögliche Vorgehensweisen: Entweder man macht die fehlende Erfahrung, indem man einfach losfährt und sich überraschen läßt. Man riskiert dabei, zu spät zu kommen oder wesentlich zu früh, vielleicht noch einiges mehr. Oder man orientiert sich an einer Theorie und an einem Modell.

Wir können die Fahrt von Kiel nach Hamburg planen und berechnen, ohne uns auf eigene Erfahrung zu beziehen. Als Ersatz für die Erfahrung dient uns ein Modell der Realität, in diesem Fall ein Atlas, der gerade zur Hand ist. Die für uns relevanten Elemente der Realität finden wir als Elemente des Modells wieder:

Kiel	⟺	*roter Fleck, Schriftzug »Kiel«*
Hamburg	⟺	*roter Fleck, Schriftzug »Hamburg«*
Zwischenraum	⟺	*grüne Umgebung der beiden Flecken*
Autobahn	⟺	*gelbe Linie zwischen den beiden Flecken*

Das Modell kann die Erfahrung allerdings nur ersetzen, wenn zwischen der Realität und dem Modell eine gewisse Isomorphie besteht, also die für uns relevanten Momente der Realität auch im Modell existieren, *und* die Beziehungen der Momente untereinander ebenfalls in einem exakt definierten Verhältnis zu den realen Beziehungen stehen.

Als erstes interessiert uns die Relation »Entfernung« zwischen den beiden Städten. Diese Relation ist sowohl im Modell wie in der Realität genau vermessen. In beiden Fällen wurde die gleiche Maßeinheit verwendet, letztlich das »Urmeter«, ein Stab mit einer

Länge, die wir »1 Meter« nennen, der in Paris aufbewahrt wird. Das erleichtert uns, Ergebnisse aus dem Modell auf die Realität zu übertragen und umgekehrt.

Die Länge eines Meters wird wiederum aufgeteilt in 100 gleiche Teillängen, die wir Zentimeter nennen. Mit einem Maßstab, der ein Abbild des Urmeters ist, ein Lineal, können wir nun den Abstand zwischen den Zentren der beiden roten Flecken auf der Karte messen. Als Ergebnis erhalten wir eine Entfernung von sechs Teilstrichen, also 6 cm.

Das Verhältnis zwischen der Entfernung von zwei Punkten auf der Karte und der Entfernung ihrer Pendants in der Realität ist mathematisch exakt bestimmt. Dies entnehmen wir einem Hinweis auf der Karte: »Maßstab 1 : 1 500 000«.

Danach erhalten wir die reale Entfernung s^{real}, *wenn wir die entsprechende Entfernung auf der Karte* s^{karte} *mit 1 500 000 multiplizieren* ($s^{karte} \times 1\,500\,000 = s^{real}$). *Setzen wir für* s^{karte} *den gefundenen Wert von 6 cm ein, erhalten wir*

$$6\ cm \times 1\,500\,000 = 9\,000\,000\ cm$$

Da ein Zentimeter den hundertsten Teil eines Meters darstellt, entspricht dies 90 000 m. Also müßten ca. 90 000 Kopien des Urmeters aneinandergelegt werden, um die Entfernung Kiel-Hamburg zu überbrücken. Eine Konvention besteht darin, daß wir 90 000 m auch als 90 km bezeichnen können.

Ziel unserer Überlegungen ist aber eigentlich die Zeitplanung; herausgefunden haben wir bisher lediglich die Entfernung (Luftlinie). Wir benötigen also eine Beziehung zwischen Entfernung und Zeit. Diese wird durch die »Geschwindigkeit« definiert. Die Geschwindigkeit (v) wird errechnet, indem die zurückgelegte Wegstrecke (s) geteilt wird durch die hierfür benötigte Zeit (t): $v = s/t$.

An dieser Stelle stoßen wir auf den einzigen Punkt, an dem wir auf Erfahrungen zurückgreifen müssen. Wir nehmen an, daß wir bei einer Strecke, in der Stadtverkehrsabschnitte mit Autobahnstrecken abwechseln, eine Durchschnittsgeschwindigkeit von 80 Kilometer pro Stunde erzielen werden.

Auf der Karte verläuft der gelbe Strich, der die Autobahn symbolisiert, ziemlich analog der Luftlinie. Wir schätzen, daß die zu fahrenden Straßenkilometer ca. 100 sein werden. Die Geschwindigkeitsgleichung können wir zur Zeit (t) hin auflösen und erhalten $t = s/v$. *Wenn wir die gefundenen Werte hier einsetzen:*

$$t = \frac{100\,km}{80\,km/h}$$

Als Ergebnis erhalten wir 1,25 Stunden. Da wir skeptisch sind und annehmen, daß in dem Modell doch nicht alle für die Fahrt relevanten Relationen enthalten sind, beschließen wir, um 13 Uhr loszufahren.

Trotz der eben gemachten kleinen Einschränkung liefert das Modell uns doch in der Regel die wesentlichen Anhaltspunkte für unsere Planung. Die für die Zeitplanung entscheidenden Kriterien sind in diesem Fall Entfernung und Beschaffenheit der Strecke: Autobahn. Andere Eigenschaften, wie etwa die Landschaft, die dort lebenden Menschen, Gerüche oder das Wetter sind nicht enthalten. Nur wenige als relevant erachtete Kenndaten sind in Modell und Wirklichkeit isomorph. Und diese Isomorphie wird nicht einseitig dadurch erzielt, daß die Karte die Realität abbildet, sondern die Realität wird ebenso dem Modell angepaßt. Denn die als relevant definierten Eigenschaften dominieren nicht nur die Karte, sondern zunehmend die Realität. Der Bau von Autobahnen ist darauf gerichtet, Entfernung möglichst schnell und berechenbar zu überbrücken, indem nur noch *ein* Kriterium, Entfernung, die Realität dominiert. Landschaften, Menschen, Ausblicke, Tag- und Nachtunterschiede, Jahreszeiten werden zu Störfaktoren, die soweit wie möglich vom realen Fahrerlebnis abgeschirmt werden müssen. Erlebnisse hat man vor der Fahrt oder hinterher, aber nicht während der Reise. Erlebnisse während der Fahrt sind nur noch als Störungen des Ablaufes möglich, wie die Erfahrung des Staus und die sich daraus ergebenden »Stau-Bekanntschaften« zeigen. Nur durch diese Zurichtung der Realität ist es möglich, halbwegs präzise die Reisedauer von Kiel nach Hamburg theoretisch zu ermitteln. Die Karte bildet nicht nur Realität ab, sondern ist Grundlage bei der Gestaltung der Realität, nicht nur bei der Benutzung der Autobahn, sondern auch bei deren Planung und Bau. Die Verlaufsplanung wird nicht primär durch Erkundung der Realität festgelegt, sondern anhand der Karte. Dort sichtbare Hindernisse wie zum Beispiel Seen oder Berge werden umgangen, aber ob zum Beispiel vorhandene Biotope durchschnitten werden, spielt nur dann eine Rolle, wenn sie auf der Karte als geschütztes Gebiet ausgewiesen sind (oder wenn Bürgerinitiativen gesellschaftlich relevanten Druck erzeugen können).

Die groben Vereinfachungen, die derartigen Modellbildungen zugrunde liegen, bieten die Möglichkeit, die Welt nicht nur zu interpretieren, sondern sie zu verändern. Der Grund dafür, daß die abendländische Kultur sich weltweit durchgesetzt hat, alle anderen Kulturen kolonialisiert oder in Nischen verbannt hat, liegt in einer Theorie, die man unmittelbar in Praxis verwandeln kann.

Die Überlegenheit besteht darin, die Zukunft zu einer berechenbaren Größe machen zu können. Wer die Zukunft beherrscht, ist allen anderen Menschen oder Kulturen voraus, weil er bestimmt, was geschehen wird. Diese Herrschaft basiert auf Relationen zwischen Theorie und Wirklichkeit. Denn sind diese Relationen erst einmal in einem ausreichenden Maße hergestellt, können sämtliche möglichen realen Ereignisse und ihre Folgen im Modell vorweggenommen werden. Dadurch ist es möglich, diejenigen Ereignisse zu bestimmen, die zu einem gewünschten Ergebnis führen. Zukunft wird planbar. In dieser Vorgehensweise liegt die Stärke des klassischen naturwissenschaftlichen Zugriffs. Die Affinität zwischen Theorie und Wirklichkeit muß so weit gehen, daß Manipulationen oder Operationen, die gedanklich bzw. im Modell durchgeführt werden, zu Resultaten führen, die eine entsprechende Operation in der Realität nach sich ziehen würden. Also wenn zum Beispiel in einem mathematischen Modell, etwa einer Bewegungsgleichung, errechnet wird, daß eine Kugel auf einer schiefen Ebene bei einer bestimmten Anfangsgeschwindigkeit der Kugel und einem gegebenen Neigungswinkel der Bahn in einer Sekunde 387 mm zurücklegt, dann sollte in einem praktischen Experiment eine entsprechende reale Kugel auf einer realen Bahn mit demselben Neigungswinkel auch real 387 mm zurücklegen.

Ist eine solche Doppelung erst einmal erzielt, können sämtliche entscheidenden Operationen, die in der Wirklichkeit möglich sind, auch in dem Modell vorgenommen werden. Die Planung einer Handlung erfolgt im Modell. Die Resultate solcher Handlungen wären bereits im gedanklichen Probehandeln ersichtlich. Damit ist Zukunft beherrschbar geworden. Was passieren wird, bleibt nicht mehr dem Zufall überlassen, sondern wird in allen Details im Modell durchgetestet.

Natürlich sind die Ergebnisse nur so verläßlich, wie es dem Grad der Übereinstimmung zwischen Modell und Wirklichkeit entspricht. Gewinnen in der Realität Momente die Oberhand, die im Modell nicht vorgesehen sind, ist es mit der Planbarkeit der Zukunft vorbei. So nützt die gewissenhafteste Planung einer Autobahnfahrt nichts, wenn plötzlich und unvorhergesehen Glatteis auftritt. Darum ist es wichtig, die Wirklichkeit so zu gestalten, daß Zufälle und Störungen so weit wie möglich ausgeschlossen werden können. Wenn Glatteis prinzipiell nicht zu verhindern ist, muß eben dafür gesorgt sein, daß die Folgen schnellstmöglich durch Streufahrzeuge behoben werden, um die Abweichungen gegenüber den Planungen gering zu halten.

In einem Selbstverständnis, das sich lediglich als Erkenntnistheorie begreift, wird die Übereinstimmung von theoretischem Modell und Realität dadurch erzielt, daß das Modell immer mehr der Realität angeglichen wird. Das Experiment dient dazu, die Eigenschaften der Wirklichkeit zu erforschen, um die Theorie legitimieren zu können. Das ist das klassische Selbstverständnis der Naturwissenschaften.

Tatsächlich also erfolgt die Anpassung von Theorie und Realität von zwei Seiten her. Das Modell wird nicht einfach der Realität angepaßt, sondern die Realität, die dem Modell entspricht, muß erst produziert werden. Um bei unserem Beispiel zu bleiben: Plane Ebenen, auf denen Kugeln rollen, existieren nur, wenn Menschen sie produzieren. Erst wenn eine solche künstliche Realität (in der Regel mit sehr hohem Aufwand) hergestellt wird, können die im Modell errechneten Bewegungen auch beobachtet werden. Theorien und Modelle, die auf diese Weise zustande kommen, sagen nichts über das »Wesen« der Natur aus, sondern über die Möglichkeit, Realitäten neu herzustellen. In dieser Hinsicht – bei der Schaffung neuer Realitäten – sind die klassischen Naturwissenschaften ungeheuer erfolgreich gewesen. Darin besteht ihr Wesen.

Die neuen Wirklichkeiten, die auf diese Weise entstehen, haben andere Eigenschaften als die Welt, die wir vorgefunden haben. Die *neue* Welt funktioniert tatsächlich nach den Modellen der »Natur«-Wissenschaft. In einer solchen Welt der Maschinen soll die Zukunft eindeutig und berechenbar, der Zufall ausgeschaltet, die Zeit linear, der Raum homogen, das Ganze meßbar sein.

Eine Theorie, die eine solche Welt abbildet und handhabbar macht, ist eine *operationale* Theorie. Sie unterscheidet sich von einer nur auf Erkenntnis gerichteten Theorie durch ihren Bezug zur Wirklichkeit. Sie ist auf unmittelbare praktische Umsetzbarkeit gerichtet. Die Verleugnung des operationalen Charakters von Theorie führt zu einer Selbsttäuschung. Faktisch ist sie Handlungstheorie, aktiv, praktisch; ihrem Selbstverständnis nach Erkenntnistheorie, passiv, kontemplativ. Mit ihr hat sich das Subjekt, der Schöpfer dieser Theorie, seinem Selbstverständnis nach aus dem Weltzusammenhang herausgelöst und steht diesem betrachtend gegenüber. Da es selbst in dem Bild, das es sich von der Welt macht, nicht enthalten ist, ist es notwendig blind gegenüber der eigenen Praxis. Bei einer solchen Sichtweise hat die Beziehung der Theorie zur Wirklichkeit, zum Sein, den Charakter einer Einbahnstraße. Es geht darum, Erkenntnisse über eine objektiv vorhandene Welt zu sammeln, also herauszufinden, wie die Welt »wirklich« ist. Erkenntnis und Welt stehen in einem hierarchischen Verhältnis: Die objektive Welt, das Sein ist das Primäre, der Maßstab; die Theorie hingegen ist das Sekundäre, ist Reflex und Abbild.

Der Wirklichkeitsbezug einer operationalen Theorie ist hingegen komplexer. Die Hierarchierichtung zwischen Wirklichkeit und Theorie ist doppelsinnig. Denn eine solche Theorie beschränkt sich nicht auf den (im Hinblick auf das Sein) passiven Abbildungsprozeß, sondern zielt auf Gestaltung und Veränderung des Seins. Die Theorie bestimmt ebenso das Sein, wie das Sein die Theorie bestimmt. Weil letztlich jede Theorie in irgendeiner Weise auf die Realität zurückwirkt, muß die Funktionsweise einer operationalen Theorie genauer spezifiziert werden. Immerhin hat sich die Operationalität in der abendländischen Theoriebildung als so mächtig erwiesen, daß sie sich weltweit gegen alle anderen Theorien und Kulturen durchsetzt, eine Weltgesellschaft konstituiert.

2. Technologische Integration

Operationalität in der abendländischen Theoriebildung manifestiert sich schließlich als Technologie. Technologie meint hier die um Wissenschaft (*logos*) erweiterte Technik (*techné*).[14] Aber nicht allein eine Symbiose, in der Techniker die für die Wissenschaft nötigen Maschinen konstruieren und Wissenschaftler die theoreti-

14 Vgl. Herbert Maschat, *Technik oder Technologie? Gedanken zu einem*

schen Grundlagen dieser Technik liefern, soll dieser Begriff bezeichnen. Vielmehr wirkt Technologie als ein allgemeines Prinzip: Wechselseitig produziert sie Modelle und Realität, wobei die dabei entstehenden technologischen Systeme nicht nur über die physischen Fertigkeiten des Menschen, sondern in zunehmendem Maße auch über seine sozialen und kognitiven Fähigkeiten verfügen. Technologie bezeichnet ein spezifisches gesellschaftliches Projekt, das sich, ausgehend vom Abendland, weltweit durchgesetzt hat.

Dieses Projekt sichert dem Menschen den instrumentellen, erfolgskontrollierten Zugriff auf Natur, auf innere und äußere. Dieser Zugriff ist zunehmend technikvermittelt, nicht nur in der Beziehung des Menschen zur Natur außerhalb seiner selbst, sondern auch zu seinesgleichen. Seine Sozialbeziehungen nehmen, je stärker gesellschaftliche Subsysteme ausdifferenziert werden, um so mehr die Form von Ritualen und unhinterfragten Routinen an. Dieser Prozeß wird so weit vorangetrieben, daß zwischenmenschliche Beziehungen, soziale Figurationen schließlich ganz auf Maschinen übertragen werden können. In diesem Zusammenhang lassen sich deshalb auch drei soziale bzw. soziotechnische Figurationen unterscheiden: Beziehungen *neben* der Technik, Beziehungen *mittels* der Technik und Beziehungen *in Gestalt* der Technik.[15] Letztere gewinnen immer stärker an Bedeutung.

Wenn das Verhältnis von Technik und Gesellschaft thematisiert wird, dann oft in folgender Weise: Technik verändert sich und Technik breitet sich immer mehr aus. Die Veränderungen in der Technik haben Auswirkungen auf die gesellschaftlichen Verhältnisse. Die Aufgabe sozialwissenschaftlicher Beschäftigung mit Technik ist dann die Abschätzung von Folgen, die sich aus den Veränderungen im Bereich der Technik für die gesellschaftlichen Verhältnisse ergeben. Daher kann diese Betrachtungsweise adäquat durch den Terminus »Technikfolgenabschätzung« bezeichnet werden.[16]

Begriff- und Wirklichkeitswandel. Klagenfurter Beiträge zur Technikdiskussion, Heft 42 (1990).

15 Volker von Borries, *Technik als Sozialbeziehung*, München 1980, Seite 36ff.

16 Vgl. etwa Günter Getzinger und Boris Papousek (Hg.), *Soziale Technik. Antworten auf die Technikkritik*, Wien 1987, insbesondere die Beiträge Volker von Thienens (Seite 131 ff.) und Arie Rips (Seite 157ff.).

Kann die Abschätzung von Folgen mitunter durchaus Hinweise für die Wünschbarkeit von Veränderungen geben, so sind gegen diese Betrachtungsweise dennoch zwei prinzipielle Einwände angebracht: *Erstens* thematisiert Technikfolgenabschätzung das Wirkungsverhältnis von Technik und Gesellschaft in *einseitiger* Weise. Die Technik erscheint als das bewegende Moment, die Gesellschaft muß darauf reagieren. Die Technik entwikkelt sich nach einer »Sachgesetzlichkeit«, einer schicksalhaft erlebten Eigendynamik, der die Gesellschaft ausgeliefert erscheint. *Zweitens* sitzt die einseitige Thematisierung einer erkenntnisleitenden *Dichotomie* auf: Auf der einen Seite die »Sachgesetzlichkeit« der Veränderungen im Bereich der Technik, auf der anderen Seite die Gesellschaft; auf der einen Seite Objekte, auf der anderen Seite Subjekte, die sich in irgendeiner Weise zu den Objekten verhalten.

Mit dem Begriff der »technologischen Zivilisation«[17] grenzen wir uns von einem solchen Technikverständnis ab. Zu sagen, daß Gesellschaft technisch *vermittelt* sei, reicht nicht aus, wenn damit ein bloß äußerliches Verhältnis von Technik und Gesellschaft gemeint ist. Mit dem Begriff der Technologischen Zivilisation soll Technik als gesellschaftliches Projekt thematisiert *und* zugleich ausgedrückt werden, daß Technologie heute zunehmend Gesellschaft konstituiert. In diesem Sinne sind Technik und Gesellschaft wechselseitig ineinander enthalten.

Technik erscheint im klassischen technik-soziologischen Ansatz noch in verdinglichter Form, als fertiges Produkt der Ingenieurstätigkeit. Der Entstehungszusammenhang und die in der Technik enthaltene Gesellschaftlichkeit sind in dieser Betrachtungsweise ausgelöscht.[18] Damit entzieht sich aber der Prozeß der Entstehung von Technik der Reflexion, Technik erscheint als Schicksal, Praxis als Vollzug gegebener Sachzwänge. Die Reflexion darüber reduziert sich auf die *Verwendung* von Technik.[19]

17 Zur theoretischen Grundlegung des Begriffes vgl. Arno Bammé, Peter Baumgartner, Wilhelm Berger, Ernst Kotzmann (Hg.), *Technologische Zivilisation*, München 1987; Eggert Holling, Peter Kempin, *Identität, Geist und Maschine. Auf dem Weg zur technologischen Zivilisation*, Reinbek 1989.

18 Vgl. etwa verschiedene Beiträge in Rodrigo Jokisch (Hg.), *Techniksoziologie*, Frankfurt am Main 1982.

19 Im Gegensatz dazu stehen neuere Ansätze der Technikgenese-For-

Mit einer solchen Position kann die reale gesellschaftliche Bedeutung von Technik, um die es in der Technik-Soziologie gehen sollte, nicht thematisiert werden. Technik, verstanden lediglich als Objekt, als Ding, ist neutral, ihre politische Dimension reduziert sich auf die Frage des »richtigen« Einsatzes. Technikethik[20] verkümmert nur allzu leicht zum moralischen Problem *individueller* Beteiligung: Muß ich als kritischer Wissenschaftler bei bestimmten Projekten meine Mitarbeit verweigern? Die Frage ist bereits Ausdruck einer Verkehrung von Zweck und Mittel in der Technik: Technische Systeme, technische Logiken sind die Akteure, die sich der Menschen als Mittel bedienen. Die technische Logik schickt sich an, traditionelle Instanzen wie Markt und Geld, die die Integration gesellschaftlicher Individuen (Personen, Unternehmen, Institutionen, Interessengruppen etc.) leisten, immer mehr zu ersetzen. Die Frage, ob ich mitmache, hat die Dominanz der technischen Struktur schon akzeptiert und sucht nur noch einen individuellen Ausweg.

Das gesellschaftstheoretische Defizit liegt darin, daß die gesellschaftliche Totalität der Techno-Logik, ihre aktive gesellschaftliche Potenz durch eine an der erkenntnistheoretischen Polarität von Subjekt und Objekt orientierten Begrifflichkeit hindurchfällt. Hier offenbart sich ein ganz grundlegender Mangel im wissenschaftlichen Weltbild, der verhindert, daß die gegenwärtige technologische Realität theoretisch angemessen erfaßt werden kann.

Die Auflösung des verdinglichten Technikbegriffs wäre die erste Voraussetzung, um die gesellschaftlichen und ökonomischen Bewegungen wieder in den Bereich des menschlichen Handelns zurückzuholen. Dies kann nicht appellativ geschehen. Verharrt Kritik in der an der Polarität von Subjekt und Objekt orientierten Begrifflichkeit, so bleibt sie notwendig »subjektiv« im Sinne von Willkürlichkeit, und die »objektive« Sachgesetzlichkeit wird ihre

schung, etwa Meinolf Dierkes, »Technikgenese. Einflußfaktoren der Technisierung jenseits traditioneller Technikfolgenabschätzung«, in: Bernd Bievert und Kurt Morse (Hg.), *Wandel durch Technik?*, Opladen 1990, Seite 311 ff.

20 Reflektiertere Ansätze finden sich bei Hans Lenk und Günther Ropohl (Hg.), *Technik und Ethik*, Stuttgart 1987; Roland Posner (Hg.), *Warnungen an die ferne Zukunft*, München 1990; ferner bereits bei Hans Jonas, *Das Prinzip Verantwortung. Versuch einer Ethik für die technologische Zivilisation*, Frankfurt a. M. 1984.

Macht behaupten. Kritik muß versuchen, mit der Logik der technischen Systeme auch ihre eigene Logik in Frage zu stellen.

Die Schranken der Polarität sind ein Problem, das weit über die Technik-Soziologie hinausweist. Die rigide Subjekt-Objekt-Dualität ist schon lange zu einer Behinderung auch in anderen Disziplinen geworden, wie zum Beispiel in der theoretischen Physik, den theoretischen Biowissenschaften, der Logik und Mathematik oder der Informatik. So sind die Schwierigkeiten der Physik, die damit zusammenhängen, daß vom Einfluß des Beobachters auf die Beobachtungssituation abstrahiert wird, selbst schon wieder fast klassisch zu nennen, wie zum Beispiel in der Quantenphysik.[21] Ebenfalls steht die klassische Subjekt-Objekt-Differenz hinter der heftigen Kontroverse um die Frage der Künstlichen Intelligenz: »Kann ein Computer die menschliche Intelligenz erreichen?« Hinter dieser Frage steht die Entweder-Oder-Alternative: Ist der Computer nur ein, wenn auch raffinierter, aber letztlich toter Gegenstand, ein Objekt, oder kann er menschliche Eigenschaften entwickeln. Die Diskussion wird deswegen so heftig geführt, weil – solange man sich an die klassische Logik hält – keine Vermittlung möglich ist. Entweder ist er »ein Rechenknecht, der nur sehr schnell addieren kann«, oder ein Subjekt mit Bewußtsein und menschenähnlichen Fähigkeiten. Die schlichte Alternative, daß er weder das eine ist noch das andere, liegt quer zur traditionellen Begrifflichkeit.

Für die Entwicklung eines Begriffs der technologischen Zivilisation ergibt sich durch die geläufige Subjekt-Objekt-Polarität folgendes Hauptproblem: Mit dem Begriff sollen Technik als Gesellschaft und Gesellschaft als Technik thematisiert werden. Aber gerade Praxis, als die eben Technik Gesellschaft *und* Gesellschaft Technik ist, kann innerhalb der Polarität von Subjekt und Objekt nicht reflektiert werden. Hier ist entweder etwas Subjekt (Mensch) oder Objekt (Ding), und die Reflexion des Verhältnisses selbst bleibt willkürlich.

Wenn es »Dinge« oder »Sachen« sind, die die Gesellschaft bewegen, dann ist es folgerichtig, politische und ökonomische Handlungsalternativen mit Sachzwängen zu begründen. Eine Sache übt jedoch von sich aus keinen Zwang aus. Die Ursprünge der

21 Werner Heisenberg, *Das Naturbild der heutigen Physik*, Hamburg 1955, Seite 18.

»Sachgesetzlichkeiten« und ihrer Entwicklung können nicht erschlossen werden und erscheinen geheimnisvoll als »Marktmächte«, als »konjunkturtechnischer Fortschritt« etc. Der zukünftige Verlauf kann dann nur von Wirtschafts- oder Technologieexperten prognostiziert werden, schicksalhaft wie beim Wetterbericht.

Die Subjekt-Objekt-Dualität (damit zusammenhängend die Dualität von Geist und Materie, von Leben und Tod oder Denken und Sein) ist konstitutiv für unser abendländisches Denken und unsere Wissenschaft. Um *Subjektivität* reflektieren zu können, die quer zu den einzelnen Subjekten (Menschen) und den Objekten (Dingen) liegt, muß die gesamte logische Grundlage des abendländischen Denkens in Frage gestellt werden.

Die Macht, die die klassische Theorie auf die Zukunft ausübt, auf ihre Gestaltung, hat die Illusion der totalen Machbarkeit der Welt genährt. Die Theorie erscheint als ein Werkzeug, dessen sich das Subjekt bedienen kann, so wie wir uns des Atlasses und der Berechnungsmodelle für Geschwindigkeit bedienen, um unsere Abfahrtszeit nach Hamburg festzulegen. In einem Werkzeugverhältnis ist eine klare hierarchische Beziehung enthalten. Das Subjekt handelt und bedient sich dabei des Werkzeugs als Objekt, das sich seinem Willen fügt. Das Werkzeug erscheint hierbei als passiv und neutral. Ob mit dem Werkzeug »Gutes« oder »Schlechtes« verrichtet wird, hängt allein vom Subjekt ab. Betrachtet man ein isoliertes Verhältnis, ein individuelles Subjekt und sein Werkzeug, jemand, der einen Hammer benutzt, um einen Nagel einzuschlagen, oder einen Atlas und eine Formel, um seine Reise zu planen, so mag dies weitgehend zutreffen. In gesellschaftlichen Dimensionen betrachtet, ist dieses Verhältnis eine Illusion. Hier ist längst nicht mehr eindeutig, wer Subjekt ist, wer Objekt.

Die Verkehrung der Subjekt-Objekt-Beziehung, die in unseren gesellschaftlichen Verhältnissen sichtbar geworden ist, die Verselbständigung der von den Menschen geschaffenen Strukturen ihnen selbst gegenüber, ist bereits in der dualistischen abendländischen Denkweise angelegt. Das Subjekt, das sich aus der Objektwelt abhebt, sich dem Sein als Ganzem gegenüberstellt, ist von bemerkenswerter Ambivalenz:

Einerseits ist die Distanz zur Welt die Voraussetzung für Operationalität. Kennzeichnend hierfür ist das Verhältnis des Schachspielers zu seinen Schachfiguren, seinen Objekten und Werkzeugen. Im gedanklichen Probehandeln, im Akt des Planens, werden die Elemente und Relationen wie Schachfiguren hin und her geschoben, um die optimale Lösung zu finden; sie sind in dieser Situation passive Objekte. Dies gilt selbst dann, wenn es sich um Menschen handelt. Auch diese werden unvermeidlich zu Objekten des kalkulierenden Subjekts. Diese Disposition hat den Menschen freigesetzt aus religiösen und traditionalen Bindungen, personifiziert in der Gestalt des freien, autonomen bürgerlichen Individuums. In seiner Autonomie liegt ein Stückchen göttlicher Allmacht, von der dann auch rege Gebrauch gemacht wurde. Die Welt wurde neu entworfen und gestaltet.

Andererseits hat sich das Subjekt durch seine Distanzierung von der Welt selbst aus seinen Theorien wie aus der selbstgeschaffenen Realität verbannt. Die eigene praktische Tätigkeit ist in dieser Theorie daher der Reflexion nicht mehr zugänglich. Die selbstgeschaffenen Strukturen können ungestört ihre Eigendynamiken entfalten. Die menschlichen Individuen haben auf den Selbstlauf der ökonomischen und politischen Entscheidungsprozesse so gut wie keinen Einfluß mehr. Im Gegenteil, es sind die Menschen, die sich der gesellschaftlichen Entwicklungsdynamik nur noch anzupassen haben. Diese zweite Seite, die individuelle Machtlosigkeit, ist ebenfalls bereits in der Subjekt-Objekt-Dualität enthalten. Diese Position, in der sich das Subjekt zu seiner Umwelt befindet, ist eine Setzung, eine *logische* Position, denn in der Realität bleibt das Subjekt immer mit der Umwelt verbunden, ist existentiell von ihr abhängig.

In der zweiwertigen Logik kann es keine andere Wahrheit geben, als die des Objektiven. Das Subjekt verleugnet sich und seine Tätigkeit, konzentriert sich darauf, jede Subjektivität aus dem Erkenntnisprozeß herauszuhalten, um das objektive Sein so getreu wie möglich abzubilden. Das Subjekt wird zum Nichts, zur bloßen Negation; alles Wissen, alle Wahrheit kommt von außen.

Aufgrund der Blindheit gegenüber dem aktiven und konstruktiven Part des Subjekts kann die *Konstruktion* von »Natur«-Gesetzen nicht anders denn als *Erkenntnis* objektiver Tatbestände begriffen werden. Das Subjekt braucht und kann die eigene Praxis nicht reflektieren, es ist somit auch nicht verantwortlich für die Folgen seines Tuns. Derjenige, der die Wahrheit feststellt, ist für die Wahrheit nicht verantwortlich, ist nur Übermittler und nicht Urheber, somit selbst eher Objekt als Subjekt. Wissenschaftliche

Tätigkeit kann in diesem Verständnis nicht als Produktions*prozeß* begriffen werden. In den Produkten ihrer Tätigkeit ist der Prozeß ihrer Entstehung ausgelöscht. Möglich ist allenfalls eine Metareflexion, nicht aber eine Reflexion, die als Reflexionsprozeß unmittelbar in den Prozeß der Entstehung eingreift. Ebenso bleibt im verdinglichten Technikverständnis unsichtbar, daß in der Technik, in der formalen Logik oder in den formalen Systemen des Umgangs der Menschen miteinander, in den gesellschaftlichen Institutionen etc. der Mensch sich selbst begegnet, seiner eigenen Subjektivität, nicht seiner individuellen, aber seiner gesellschaftlichen.

Wenn in der von Subjekten produzierten Theorie die Subjektivität nicht mehr sichtbar ist, gerät diese Theorie zur »absoluten Wahrheit«. Die Theorie verbirgt ihre eigene Entstehung. Dadurch erscheinen ihre Ergebnisse als wertfrei und neutral, nicht als Resultate zielgerichteter Konstruktion, sondern als bloßes Abbild des Gegebenen. Und das Gegebene, das Sein – abstrahiert man vom Standpunkt des jeweils betrachtenden Subjekts – kann nur eins sein, das Objektive. Dieses ist für alle Einzelsubjekte gleich. Es gibt nur eine Wahrheit und die gilt absolut.

Die Dualität von Subjekt und Objekt gebietet, daß etwas Subjekt ist *oder* Objekt, ohne irgendeine Möglichkeit der Vermittlung dazwischen. Darum kann in dieser Logik auch nicht unterschieden werden zwischen einem vorgefundenen Objekt und anderen Objekten, die ihr Dasein menschlicher Tätigkeit verdanken. Ein Gedicht, ein Bild, Gedanken, Institutionen oder logische Strukturen sind logisch gesehen in gleicher Weise Objekte wie ein Stein. Der subjektive Anteil eines Produktes ist nicht mehr faßbar.

Eine solche Theorie ist blind gegen die Geschichte, gegen ihr Gewordensein; sie kann sich nicht selbst reflektieren. Eine Karte wird zum Beispiel angesehen als Abbild der wesentlichen Eigenschaften einer Region, und wir können sie zum Beispiel benutzen, um eine Entfernung zu ermitteln. Es kommt dabei aber nicht mehr in den Sinn, zu fragen, warum Kategorien wie Entfernung die wesentlichen Eigenschaften *einer Landschaft* seien, es sind vielleicht nur wesentliche Eigenschaften *für uns* und unsere strategischen Planungen. Hier erscheint der Alltagsgebrauch des Wortes »wesentlich« reflektierter als der Begriff des »Wesens«, wie er in der Philosophie auftaucht. Im Wort »wesentlich« schwingt immer die Frage mit: Wesentlich für wen oder für was?

Das »Wesen« jedoch ist absolut. Es kann nur eine für jedes denkende Wesen verbindliche Wahrheit geben. Die Wissenschaften stellen nach diesem Denkansatz Theorien und Modelle und formale Strukturen zur Verfügung, die neutral die Wirklichkeit abbilden. Jedem Subjekt steht es frei, sich dieses Instrumentariums zu bedienen, wie man sich zum Beispiel einer Karte bedienen kann, um eine Reise zu planen, um einen Lebensmittelkonvoi nach St. Petersburg oder Raketen nach Nordenham zu transportieren.

Durch die so konzipierte Dualität von Subjekt und Objekt werden zwei Bereiche gesellschaftlicher Wirklichkeit ausgegrenzt: Mögen die Theorien und Modelle sowie die Wirklichkeit, die sie produzieren, homogen sein, die Bedürfnisse, Interessen, Absichten und das Wollen der sich zu ihnen verhaltenden Subjekte sind es sicher nicht. Diese Unterschiede können in der klassischen Theorie weder abgebildet noch vermittelt werden; die Theorie gilt absolut, und sie ist hierarchisch. Der objektiven und damit allgemein verbindlichen Welt kann auch nur ein einheitliches Subjekt gegenüberstehen. Dieses steht außerhalb des theoretischen Zusammenhangs und kann daher in der Theorie nur als eigenschaftslos auftauchen, als Leerstelle. Innerhalb der Theorie können die Äußerungen von Subjektivität nur als Störfaktoren begriffen werden. Subjektivität ist das Gegenteil der Objektivität, ist ihre Negation. Im wissenschaftlichen Erkenntnisprozeß ist die Subjektivität weitmöglichst herauszuhalten, um das objektive Sein so getreu wie möglich abzubilden.

Der zweite Bereich, der ausgeklammert wird, ist der Bereich der gesellschaftlichen Integration der Einzelsubjekte. Hier kommt es ebenfalls aufgrund der Subjekt-Objekt-Dualität zu einer folgenreichen begrifflichen Verwechslung. Die Abstraktion vom Prozeß der Konstruktion der Theorie und von den Motiven der Konstrukteure bewirkt keine »subjektivitätsfreie« Theorie, sondern lediglich eine Abstraktion von *individueller* Subjektivität. Die Theorie wird *inter*subjektiv. Intersubjektivität und Objektivität werden umstandslos gleichgesetzt. Tatsächlich können Theorien als menschliche Produkte ihre Subjektivität nicht verleugnen, auch wenn sie aufgrund der Eigenschaft der Operationalisierbarkeit objektive Form annehmen. Allerdings objektiviert sich kein individuelles Subjekt, sondern ein gesellschaftliches, historisches. Die Abstraktion von individueller Subjektivität schafft Strukturen, die intersubjektiv sind, das heißt für alle Subjekte verbindlich.

Sie stellt einen wichtigen Schritt zur gesellschaftlichen Integration dar, wie sie für die bürgerliche Gesellschaft typisch geworden ist.

Die Abstraktion von Inhaltlichkeit, Zufälligkeit und Besonderheit schafft Strukturen mit den Eigenschaften der Eindeutigkeit und Universalität. Strukturen auf dieser Basis sind notwendige Instanzen der gesellschaftlichen Synthese. In den gegenwärtigen Gesellschaften – mit ständig wachsenden Bevölkerungszahlen, den immer komplexer werdenden Vernetzungszusammenhängen auf der einen Seite, dem Abbau naturwüchsig entstandener Zusammenhänge der Familien, des Dorfes, der Regionen etc. auf der anderen Seite[22] – wird die Bedeutung *formaler* Vermittlungszusammenhänge immer größer. Für die Vermittlung und Integration der Subeinheiten einer *Weltgesellschaft* ist der universelle Charakter der Integrationsinstanzen unabdingbar. Die formale Logik beschreibt Verbindlichkeiten, die für jedes Mitglied dieser Gesellschaft gelten. Nur der ist ein vollgültiges Mitglied der Gesellschaft, der diesen Formen der Rationalität und Abstraktion bewußt oder unbewußt folgt.

Die letzten Jahrzehnte dieses Jahrhunderts sind gekennzeichnet durch das rasche Anwachsen der gesellschaftlichen Integrationssysteme, die auf Logik und auf Technik basieren. Die überkommenen gesellschaftstheoretischen Entwürfe verlieren zunehmend an Aussagekraft. Dieser sehr grundlegende gesellschaftliche Wandel wurde verdeckt durch die vordergründig im Mittelpunkt stehende Alternative »Markt« oder »Plan«, »Kapitalismus« oder »Sozialismus«. Der Auflösungsprozeß der »realsozialistischen« Staaten erscheint als Sieg der Marktwirtschaft. Tatsächlich ist jedoch die gesellschaftsstiftende Funktion des Marktes in den »marktwirtschaftlich« verfaßten Gesellschaften zunehmend und unaufhaltsam zurückgedrängt worden.[23] Andere Formen gesellschaftlicher Synthese gewinnen an Bedeutung. Zentral ist hierbei die gesellschaftliche Rolle der Techno-Logie.

Die Technik, die Logik, die beide, zunehmend vermittelt über

22 Für Ferdinand Tönnies, einen der Gründungsväter soziologischen Denkens, vollzieht sich an dieser Schnittstelle der Übergang von der »Gemeinschaft« zur »Gesellschaft«.

23 Vgl. Arno Bammé, Wilhelm Berger, Caroline Gerschlager, Luise Gubitzer (Hg.), *Der kalte Blick der Ökonomie*, München und Wien 1993.

Technologie, Gesellschaft integrieren, lassen kein sichtbares Subjekt der Integration mehr zu. Sie kommen in der Form von Sachzwängen daher. Gesellschaftliche Subjektivität wandelt sich in eine Vielzahl von Partikularinteressen, die miteinander konkurrieren. Eine Vermittlung solcher begrenzten Sicht- und Interessenlagen ist zwar auf technisch-logischer Basis möglich, die Ergebnisse, der Kompromiß der Einzelinteressen, stellt jedoch alles andere dar als eine allgemeine Vernunft, eine Verantwortung für das Ganze.

Der Staat als nationale Repräsentanz allgemeiner Interessen und, in immer stärkerem Maße, überstaatliche Instanzen wie die UNO, die EU stehen heute vor der schier unlösbaren Aufgabe, wie gesellschaftliche Syntheseleistungen bei zunehmender gesellschaftlicher Differenzierung politisch durchgeführt und legitimiert werden sollen. Naturwüchsige Formen gesellschaftlicher Integration wie der Markt, politisch als Laissez-faire-Prinzip formuliert, reichen offensichtlich nicht mehr aus. Andererseits lassen sich Regulierungen in Form politischer Planvorgaben nicht legitimieren, schon allein deshalb nicht, weil ihre Effizienz höchst umstritten ist. Die funktionelle Ausdifferenzierung sozialer Subsysteme führt in ein Dilemma: Die technologische Machbarkeit gesellschaftlicher Zukunftsentwürfe erhöht die Notwendigkeit politischer Steuerung. Sie wird aber zugleich verhindert durch deren zunehmende Selbstreferenz, die zugleich die Basis für ihre Effizienz ist. Die durch Mehrfachdifferenzierungen hervorgerufenen Überschneidungen, wie sie für entwickelte Gesellschaften charakteristisch sind, führen zu Widersprüchen, die mit dem Werkzeug der klassischen Entweder-Oder-Logik nicht bearbeitbar sind. Traditionelle Unterordnungsbeziehungen im Verhältnis der Subsysteme zueinander verlieren an Bedeutung. Neuere Steuerungstechniken, die der veränderten Situation gerecht werden, sind aber noch nicht in Sicht.

Das verdinglichte Verständnis von Technik und gesellschaftlichen Strukturen ist notwendiger Ausdruck des klassischen naturwissenschaftlichen Weltbildes. Dieser Sachverhalt ist nicht erst heute[24] erkannt und kritisiert worden. Bereits der Deutsche Idea-

24 Gegenwärtig wird die Subjekt-Objekt-Polarität durch den »Radikalen Konstruktivismus« vehement in Frage gestellt. Vgl. etwa Siegfried J.

lismus, insbesondere Hegel, hat die Dualität des Denkens durch eine dialektische Logik thematisiert. Wenn Marx die spezifisch bürgerliche Form *gesellschaftlich* wirkender Subjektivität im Kapitalismus analysieren kann, dann vor dem Hintergrund der Hegelschen Kritik am klassischen Weltbild. Aber so großartig der Hegelsche Entwurf auch war und soweit seiner Zeit voraus, durchgesetzt hat sich zunächst die traditionelle, auf Polaritäten beruhende, zweiwertige Logik. Sie muß, so steht zu vermuten, etwas bieten, das die Hegelsche Dialektik nicht vermag. Das, was die klassische Logik von der Hegelschen Dialektik unterscheidet und worin ihre Macht und Bedeutung begründet liegt, ist die Tatsache, daß es sich um eine *operationale* Theorie handelt. Die praktische Bedeutung dieser operationalen Eigenschaften liegt wiederum in ihrer Fähigkeit, Technik hervorbringen zu können.

3. Klassische Logik

Lange Zeit galt die Logik als alleinige Domäne der Philosophie, in deren Rahmen sie sich entwickelte. Unangefochten behielten die klassischen Syllogismen, der Satz von der Identität, der Satz vom ausgeschlossenen Widerspruch sowie der vom ausgeschlossenen Dritten ihre Gültigkeit.

Aristoteles hat diese Sätze ausdrücklich als Axiome formuliert, an denen sich wahres Sprechen bewähren sollte. Der Satz der Identität fordert als Fundamentalbedingung von Wahrheit die Konstanz ihrer Begriffe. Der Satz vom verbotenen Widerspruch »... es ist nicht möglich, daß dasselbe demselben in derselben Beziehung zugleich zukomme und nicht zukomme«[25] konkretisiert diese Bedingung als Widerspruchsfreiheit, und der Satz vom ausgeschlossenen Dritten »... ist es nicht möglich, daß es ein Mittleres zwischen den beiden Gliedern des Widerspruchs gibt, sondern man muß eben eines von beiden entweder bejahen oder verneinen«[26] verankert Wahrheit in einem strikt zweiwertigen System. Die Axiome des wahren Sprechens bringen aber sofort ihren

Schmidt (Hg.), *Der Diskurs des Radikalen Konstruktivismus*, Frankfurt am Main 1987.

25 Aristoteles, *Metaphysik* 1005 b.

26 Ebd., 1011 b.

eigenen ontologischen und metaphysischen Hintergrund hervor. Der Wahrheit entspricht dann eine Welt: Die konstanten Begriffe beziehen sich auf eine Welt mit sich identischen Objekten. Dem Satz vom verbotenen Widerspruch entspricht eine Wirklichkeit, deren Grundcharakteristikum die Eindeutigkeit ist. Dem Satz vom ausgeschlossenen Dritten entspricht die Welt als Inbegriff von Einheit, in der etwas eben ist oder nicht ist. Dieses Fundament reichte aus, um wissenschaftliche Probleme logisch zu bewältigen.

Parallel zur Logik entwickelte sich die Mathematik als unmittelbarer Anwendungsbereich der logischen Methoden. Euklid demonstrierte, wie aus einigen wenigen Begriffsdefinitionen und Grundannahmen (Axiome) allein mittels logischer Schlüsse eine ganze Wissenschaft aufgebaut werden konnte – die Geometrie, die lange Zeit als das Ideal von Wissenschaftlichkeit galt. Euklids axiomatische Methode besteht darin, die geometrischen Objekte zu »definieren«, zum Beispiel ist ein Punkt etwas, was keinen Teil hat, und Grundwahrheiten, Axiome zu formulieren, zum Beispiel geht durch zwei verschiedene Punkte genau eine Gerade. Danach gestatten logische Verfahren, aus diesen Axiomen und Definitionen neue Erkenntnisse, abgeleitete Theoreme, zu gewinnen. Ein Beispiel dafür wäre der *modus ponens* – wenn die Aussagen A und »Aus A folgt B« gelten, dann gilt auch die Aussage B. In derartigen axiomatischen Systemen bedarf also jede Behauptung eines Beweises, dem die Axiome, die Definitionen, bereits abgeleitete Theoreme oder die logischen Schlußverfahren zugrunde liegen.

Neben der Geometrie war das Rechnen der zweite Schwerpunkt mathematischer Forschung. Der Begriff der Zahl und die Suche nach einfachen Regeln, die Zahlen zu manipulieren, prägt die Arithmetik bis heute. Rechenregeln sind Vorschriften, die Schritt für Schritt eindeutig den Rechenvorgang bestimmen. Derartige »Kochrezepte«, sogenannte Algorithmen, können auch ohne Verständnis des zugrundeliegenden inhaltlichen Problems quasi mechanisch exekutiert werden.

Die Entstehung der modernen Naturwissenschaften ist untrennbar mit der Entwicklung neuer mathematischer Methoden verbunden. Die Bedeutung der Anwendungen der Mathematik zur Beschreibung unterschiedlichster Naturvorgänge legt den Schluß nahe, daß das Denken selbst eine mathematische, eine rechnende Aktivität unseres Geistes ist. So entwickelte Leibniz den Gedanken einer Universalsprache, *lingua universalis*, in der Denken gleichsam durch Rechnen ersetzt wird. Ein philosophischer Diskurs etwa bedarf dann nicht mehr der sprachlichen Eleganz oder origineller Argumente, sondern er wird errechnet. Dies ist die konsequente Weiterführung der Annahme, daß Vernunft und Berechenbarkeit identisch seien und daß sich die Logik auf ein maschinenhaftes Manipulieren mit Symbolen zurückführen läßt.

Erst im 19. Jahrhundert konnten George Boole, Gottlieb Frege und andere Formen der Logik entwickeln, die in ihrer Operationalität und Effektivität der Vorstellung Leibniz' nahe kommen. Dazu war es notwendig, statt der Philosophie die Mathematik zum Umfeld der Logik zu etablieren. Es ging nicht mehr um ontologische Aussagen im Sinne scholastischer Gottesbeweise oder um die Begrifflichkeit des Seins. Die Metaphysik wurde radikal aus dem Bereich der mathematischen oder auch formalen Logik verbannt. Die Bedürfnisse der Mathematik, die nach einer stürmischen Entwicklung seit Leibniz und Newton nach ihren (logischen) Grundlagen suchte, galt es zu befriedigen: Was ist eine Zahl? Ist die euklidische Geometrie die einzig mögliche Geometrie? Was sind unendliche Mengen? Diese und ähnliche Fragestellungen sollten mit Hilfe der »neuen« Logik präzisiert und beantwortet werden. Aus der mathematischen Logik die gesamte Mathematik aufzubauen, war das Ziel des sogenannten Logizismus (Gottlieb Frege, Bertrand Russell). Zumindest für die Mathematik sollte Leibniz' Traum, Wahrheit allein algorithmisch zu finden, verwirklicht werden.

Euklid hatte zwar den für die weitere Entwicklung der Mathematik zukunftsweisenden Weg eingeschlagen, doch war er der philosophischen Tradition seiner Zeit insofern verhaftet, den geometrischen Objekten Existenz zuzuschreiben, sie definieren zu wollen und die Axiome als objektiv wahr anzusehen. Er gab ein axiomatisches, aber kein formales System der Geometrie an. Ein formales System besteht aus einem Alphabet von Zeichen, aus bestimmten vorgegebenen Zeichenketten (Axiome) und aus Regeln (Beweiskalkül), wie aus diesen Axiomen durch Hinzufügen oder Weglassen von Zeichen des Alphabets neue Zeichenketten (abgeleitete Theoreme) gebildet werden können. Was die Zeichen bzw. Zeichenketten nun inhaltlich bedeuten, ist für den Mathematiker im Grunde genommen unwichtig. Ihm geht es bloß um die korrekte Manipulation der Zeichenketten. In einer derart formalisierten Geometrie mag das Symbol P zwar den Namen Punkt tragen, aber es ließe sich genauso mit Pavian übersetzen. Die Zeichenkette »P ∈ g« ließe sich als »Der Punkt P liegt auf der Geraden g« oder auch als »Der Pavian P sitzt im Baum g« interpretieren. Je nach Interpretation könnte das formale System die übliche euklidische Geometrie mit Punkten und Geraden oder einen Dschungel mit Pavianen und Bäumen beschreiben. Damit erübrigt sich auch die Definition von P. Es genügt zu wissen, wie das Zeichen P sich mit anderen Zeichen (zum Beispiel g oder ∈) zu einer korrekt gebildeten Zeichenkette verbinden läßt. Die Frage nach der Wahrheit der Axiom-Zeichenketten verliert in dieser Betrachtungsweise überhaupt ihren Sinn. Erst bei Interpretationen, in denen die Zeichen und Zeichenketten als Aussagen gedeutet werden, kann man von wahren oder falschen Aussagen sprechen. Natürlich ist man in der Praxis bemüht, solche Interpretationen für formale Systeme zu finden, in denen die Axiome und die durch das Beweiskalkül abgeleiteten Theoreme in wahre Aussagen übergehen. Solche Interpretationen werden auch Modelle des formalen Systems genannt. Gemeinsam mit der etwa gleichzeitig entstandenen Mengenlehre dient die formale Logik als universelles Darstellungsmittel der gesamten Mathematik. Das folgende Beispiel zur formalen Aussagenlogik mag verdeutlichen, um was es geht.

Formale Aussagenlogik

1. Alphabet: ¬ (Negation); → (Implikation, »Aus A folgt B«); A, A', A'', ..., B, C, ... (Aussagenvariable); (,) (Klammern).

2. Wohlgeformte Formeln (wgF):

   (a) Alle Aussagenvariable sind wgF.
   (b) Wenn A und B wgF sind, dann sind auch $(\neg A)$ und $(A \to B)$ wgF.

3. Axiome: Falls A, B und C wgF sind, dann sollen die folgenden Zeichenketten Axiome sein:

   (A1) $A \to (B \to A)$

(A2) $(A \to (B \to C)) \to ((A \to B) \to (A \to C))$
(A3) $((\neg B) \to (\neg A)) \to (((\neg B) \to A) \to B)$

4. Beweiskalkül: Der Beweiskalkül besteht nur aus dem modus ponens, das heißt, falls A und $A \to B$ ableitbar sind, ist auch B ableitbar.

Beispiel einer Ableitung: $A \to A$ ist ableitbar

1. $(A \to ((A \to A) \to A)) \to ((A\ (A \to A)) \to (A \to A))$
   Dies folgt aus A2 mit $A = C$ und $B = A \to A$.
2. $A \to ((A \to A) \to A)$
   Dies folgt aus A1 mit $B = A \to A$.
3. $(A \to (A \to A)) \to (A \to A)$
   Dies folgt aus 1. und 2. mittels modus ponens.
4. $A \to (A \to A)$
   Dies folgt aus A1 mit $A = B$.
5. $A \to A$
   Dies folgt aus 3. und 4. mittels modus ponens.

Der Zusammenhang dieser Darstellung der formalen Aussagelogik mit jener, die sich Wahrheitswerten und Wahrheitstafeln bedient, ist eine Isomorphie. Alle Zeichenketten, die in dem obigen Kalkül ableitbar sind, sind Tautologien und umgekehrt (eine zusammengesetzte Aussageform heißt Tautologie, wenn bei jeder beliebigen Belegung ihrer Teilaussagen mit Wahrheitswerten ihr Wert stets »wahr« bleibt).

Bis heute arbeiten Mathematiker daran, einerseits für vorgebene formale Systeme neue Modelle zu finden, anderseits neue formale Systeme zu konzipieren. Manche formalen Systeme sollen so allgemein konstruiert sein, daß sie sehr viele Modelle besitzen, das heißt, es gibt für diese Systeme viele Anwendungsmöglichkeiten. Gleichzeitig ist man aber auch bemüht, für altbewährte mathematische Strukturen, zum Beispiel die natürlichen Zahlen mit der üblichen Addition, formale Systeme zu finden, die nur wenig Interpretationsspielraum zulassen. Man versucht so, diese Strukturen formal eindeutig zu charakterisieren.

Nach dem Höhenflug der Logik im 19. Jahrhundert ergaben sich aber bald Schwierigkeiten. Antinomien, nicht auflösbare Widersprüche stellten sich ein, zum Beispiel die Russellsche Menge R, die alle Mengen enthält, die sich nicht selbst enthalten. Enthält sich die Menge R selbst oder nicht?[27] Auch seitens der Mathematiker (etwa Luitzen E. J. Brouwer[28]) setzte eine scharfe Kritik gegen die neue Begrifflichkeit ein. Mathematische Objekte – so forderten die Intuitionisten bzw. Konstruktivisten – müssen stets durch Konstruktionen definierbar sein. Der klassische Mathematiker anerkennt eine Aussage A als wahr, wenn sich die Annahme der Negation von A, non-A, als falsch erweist (Prinzip des indirekten Beweises). Der Konstruktivist verwirft dieses Prinzip. Ein konstruktives Verfahren, das die Aussage non-A widerlegt, muß nämlich keine Konstruktion für einen Beweis von A liefern, und solange eine derartige Verifikation nicht vorliegt, kann die Aussage A nicht als wahr angesehen werden. Aus der doppelten Negation einer Aussage folgt daher für den Konstruktivisten noch nicht die Aussage selbst. Damit ist aber auch der Satz vom ausgeschlossenen Dritten in Frage gestellt. Der Wahrheitsanspruch des »tertium non datur« bedeutet, aus konstruktivistischer Sicht interpretiert, daß für jede Aussage A eine Beweiskonstruktion für A oder für non-A vorliegt. Dies ist – wie Brouwer sagt – identisch mit der Behauptung, daß jedes mathematische Problem lösbar sei. Mit einer solchen Behauptung, daß die Lösung, ohne uns bekannt zu sein, irgendwie und irgendwo bereits vorhanden sein muß, verliere man sich in metaphysische Spekulationen. Die Mathematik müsse daher neu konstruiert werden. Aufbauend auf der Reihe der natürlichen Zahlen sollen die Sätze und Begriffe nur mit konstruktiven Methoden begründet werden. Gegen eine solche Vorgangsweise sprach aber die Tatsache, daß viele wichtige und grundlegende Resultate der Mathematik mit konstruktiven Mitteln nicht zu erzielen sind. Wesentliche Teile der Mathematik würden verloren gehen. – »Aus dem Paradies, das Cantor uns geschaffen hat, soll uns niemand vertreiben können«, verlangte David Hilbert. Sein Programm des Formalismus versuchte, dieses Paradies zu retten.

27 Bertrand Russell, *Philosophie. Die Entwicklung meines Denkens*, Frankfurt am Main 1988.

28 Luitzen E. J. Brouwer, *Intuitionisme en formalisme*, Groningen 1912; engl. Übersetzung: »Intuitionism and Formalism«, *Bull. Amer. Math. Soc.*, Bd. 20 (1913).

Der Formalismus verfolgt das Ziel, die Widerspruchsfreiheit der einzelnen mathematischen Disziplinen zu beweisen. Dem Gedanken, die Verwendung mathematischer Objekte sei nur durch Konstruktion gerechtfertigt, wurde entgegengehalten, daß die Widerspruchsfreiheit eines Systems das entscheidende Kriterium mathematischer Sinnhaftigkeit sei. Durch Formalisierung sei es möglich, den metasprachlichen Begriff der Widerspruchsfreiheit genauso exakt zu fassen, wie die objektsprachlichen Begriffe. Mit Hilfe einer genauen Unterscheidung zwischen Objekt- und Metasprache und einer entsprechenden Formalisierung der Mengenlehre sollten alle bisher bekannten Antinomien eliminiert werden. Wenn es gelungen wäre, für die formalisierte Mengenlehre einen Konsistenzbeweis zu liefern, dann hätte das die Widerspruchsfreiheit der gesamten Mathematik bedeutet, da diese zur Gänze mit mengentheoretischen und logischen Begriffen und Methoden aufgebaut werden kann. 1931 zeigte Kurt Gödel[29], daß dieses Programm zum Scheitern verurteilt ist: In einem widerspruchsfreien, formalen System T, das die formalisierte Arithmetik umfaßt, läßt sich keine Symbolkette ableiten, die sich als Aussage »T ist widerspruchsfrei« interpretieren ließe. Er zeigt in diesem Beweis, daß sich die metasprachliche Aussage »Das System ist widerspruchsfrei« im System zwar formulieren, aber nicht ableiten läßt, obwohl wichtige metasprachliche Teile sich im System selbst übersetzen und dort formal behandeln lassen (zum Beispiel die Eigenschaft, daß eine Symbolkette richtig zusammengesetzt ist oder daß eine Symbolkette die Ableitung einer anderen darstellt). »God exists since mathematics is consistent, and the devil exists since we cannot prove it«, konstatierte der Mathematiker Hermann Weyl.

Die Wogen dieses Grundlagenstreites, ob nun die formalistische, konstruktivistische oder logizistische Sichtweise die richtige sei, haben sich innerhalb der Mathematik und Logik geglättet. Der Standpunkt des Formalismus wird von der überwiegenden Zahl der Mathematiker mehr oder minder reflektiert bevorzugt, einige wenige haben sich dem konstruktivistischen Programm verschrieben. Die Mehrzahl der Forscher aber sind sich der Grundlagenproblematik gar nicht mehr bewußt. Der Streit wurde

29 Kurt Gödel, »Über formal unentscheidbare Sätze der Principia mathematica und verwandter Systeme I«, *Mh. Math. Phys.* 38 (1931).

verdrängt, die Forschungsresultate zählen und die sind beachtlich sowohl hinsichtlich ihrer Qualität als auch ihrer Quantität. Ein Konzept blieb aber in diesem Prozeß auf der Strecke: Selbstbezüglichkeit. Selbstbezügliche Aussagen führen sehr schnell zu Antinomien. »Dieser Satz ist falsch« wäre eine antinomische, selbstbezügliche Aussage, die aber durch das Verbot, Meta- und Objektsprache zu vermischen, gar nicht zu den logischen Aussagen gerechnet werden kann. Selbstbezügliche Prozesse treten aber immer wieder auf. Man braucht nur daran zu denken, worüber man gerade denkt. Sowohl philosophische wie im vermehrten Ausmaß auch naturwissenschaftlich-technische Fragestellungen stehen vor dem Problem, selbstbezügliche Phänomene zu modellieren (zum Beispiel alle Theorien, die sich selbst zum Gegenstand haben, Konzepte wie Selbstbewußtsein oder Selbstorganisation). Innerhalb der klassischen Logik sind derartige Fragen aber nicht beantwortbar, weil Konzepte von Selbstbezüglichkeit verboten wurden, um drohende Widersprüche zu vermeiden. Selbstbezüglichkeit wurde um den Preis der Erhaltung der klassischen zweiwertigen Logik geopfert. Gotthard Günthers Weg strebt in die andere Richtung: Der Versuch, Selbstbezüglichkeit formal zu modellieren, müßte es wert sein, den Anspruch der universellen Geltung der klassisch-logischen Zweiwertigkeit fallen zu lassen, eben weil dieses Konzept essentiell für die Simulation lebender Systeme ist.

Trotz des Wandels der Logik in eine mathematische Disziplin hat sie nach Auffassung Gotthard Günthers ihr Wesen behalten, das er durch die klassischen Gesetze *der Identität,* des *ausgeschlossenen Widerspruchs,* des *auszuschließenden Dritten* und vom *zureichenden Grund* beschreibt. Derzeit präsentiert sich die Logik in zwei Gestalten, die sich auch in der Organisation von Wissenschaft manifestieren: mathematische und philosophische Logik. Die mathematische Logik zeichnet sich, zumindest ihrem Selbstverständnis nach, durch jeglichen Verzicht auf Metaphysik und Ontologie aus. Ihr Ziel ist die präzise und operationale Darstellung formalisierter und axiomatisierter Aussagen. Aber, fragt Gotthard Günther, ist diese mathematische Logik tatsächlich frei von jeglicher Metaphysik? Seine Antwort lautet eindeutig »nein«. In ihrem Wesen sei die mathematische Logik auf Grund der von ihr getroffenen, aber nicht ausgesprochenen Annahmen nach wie vor der Metaphysik und Ontologie verhaftet.

Günther sieht die heutige mathematische Logik als Kondensat der klassischen abendländischen Metaphysik von Platon bis zu Kant. Der klassische Begriff des Seins impliziert die ewige Unveränderlichkeit des Seins (der platonischen Ideenwelt). Im Urteil »Ich denke etwas« wird zwischen dem »Ich« und diesem »Etwas« eine Beziehung hergestellt, nämlich das Denken. In diesem Zusammenhang heißt »Gegenstand sein«, mit sich identisch sein. Um Gegenstand des Denkens zu sein, muß dieser unveränderlich angenommen werden, mit sich identisch im Gegensatz zu der Verschiedenheit der Erlebnisereignisse, in denen er unmittelbar erlebt wird. Identität wird nicht als subjektives Bewußtseinsmotiv verstanden, sie wird im Denken transzendiert und damit als an sich existierende Bestimmung des Seins genommen. Das Denken soll mit dem Inbegriff aller Bestimmungen des Denkgegenstandes letztlich identisch sein. Das definitive metaphysische Ziel allen überhaupt möglichen Denkens ist das gegenständliche mit sich selbst identische Ansich. »Das transzendente Wesen alles mit sich selbst identischen Ansich aber ist das Sein ... Deshalb ist das Sein das ewig Beharrende, unverändert in seiner Identität ...«[30] Das Resultat dieser Überlegung ist der *Satz der Identität.*

Stellt man die Frage, wie dieses mit sich selbst identische Sein zu denken ist, so erhält man die Antwort: widerspruchsfrei. Widerspruchsfreiheit und Denkbarkeit fallen zusammen. Denn zum Sein tritt neben die Identität noch ein weiteres Bestimmungsmerkmal: Positivität. »Das Sein ist immer positiv, es ist (so und nicht anders) da; es ist, wenn überhaupt, immer in einer (positiv) bestimmten Weise vorhanden. Dieses ›So-und-nicht-anders‹ wird im Verbot des Widerspruchs axiomatisiert.«[31] Das Resultat dieser Überlegung gipfelt im *Satz vom ausgeschlossenen Widerspruch.*

Denken versteht sich als zweiwertig. Bestimmungen treten bejahend oder verneinend auf. Ein dritter Wert ist nicht möglich. Dieser Sachverhalt ist im *Satz vom ausgeschlossenen Dritten* formuliert, *tertium non datur.*

Seit Kant und Hegel ist das Bild der dieser Logik zugrundeliegenden klassischen Metaphysik gebrochen. Während das Denken des Seins bislang Hauptmotiv war, so folgt nun das Denken des

30 Gotthard Günther, *Beiträge zur Grundlegung einer operationsfähigen Dialektik*, Bd. 1, Hamburg 1976, Seite 38.

31 Ebd., Seite 39.

Denkens als Leitfigur. Dem klassischen Denken entsprach die Welt als »ein mit sich selbst identischer, objektiver, der Reflexion unmittelbar gegebener, irreflexiver Realzusammenhang«.[32] Das »transklassische« Denken ist die Reflexion auf das klassische. Im Gegensatz zum letzteren ist nicht mehr das Sein das Thema, sondern die Reflexion. War der Denkgegenstand bisher nicht selbstdenkend – das Sein war ja bloß dem Denken entgegengesetzt – so richtet sich das Denken nun auf den Denkprozeß selbst. Das führt, wie Hegel zeigt, zu einer völlig anderen Metaphysik. Dieser Schritt wurde von der formalen Logik nicht mitvollzogen. Ohne sich dessen bewußt zu sein, bleibt sie, vermittelt über die drei genannten Sätze, dem Denken des Seins verhaftet.

An diesem Sachverhalt setzt Gotthard Günther mit seinem Projekt einer »transklassischen Logik« an. Wenn es möglich ist, die klassische Logik, sei es in Gestalt der mathematischen oder der philosophischen, als Essenz der klassischen Metaphysik darzustellen, dann ist die Frage berechtigt, ob sich nicht auch aus einer unterschiedlichen Metaphysik, etwa der Hegels, eine andere Logik abstrahieren läßt. Warum sollte, da auch die Mathematisierung der klassischen Logik zu einem operationalen, effizienten Kalkül die wesentlichen Eigenheiten der zugrundeliegenden Metaphysik bewahrte, sich nicht auch eine operationsfähige, axiomatisierte und formale Logik ergeben, die auf einer Metaphysik im Sinne Hegels aufbaut?

Das Projekt ist nicht bloße Spekulation, sondern durch die Entwicklung der Künstlichen-Intelligenz-Forschung zu einem konkreten Problem geworden. Die an das Denken des Seins gebundene formale Logik kann das Denken des Denkens nicht thematisieren. Ihre Schwierigkeiten zeigten sich als innerlogische Schwierigkeiten in der Grundlagenforschung von Gottlob Frege und Bertrand Russell. Bereits 1901 entpuppte sich die bereits erwähnte, von Bertrand Russell entdeckte Unstimmigkeit, von ihm selbst zunächst nicht sehr ernst genommen, als der archimedische Punkt, von dem aus Freges Konstruktion einer formalen axiomatischen Logik aus den Angeln gehoben wurde. Russell studierte widersprüchliche Beispiele der Naiven Mengenlehre, ein Zweig der Mathematik, der mit Freges Prädikatenlogik[33] völlig verträg-

32 Ebd., Seite 151.
33 Die Prädikatenlogik ist eine Weiterführung der Aussagenlogik. Ihre

lich war. Es gibt Mengen, die in sich selbst liegen, zum Beispiel ist die Menge aller Mengen wiederum eine Menge, die als solche Element ihrer selbst ist. Daneben gibt es Mengen, für die das nicht zutrifft: Die Menge aller Katzen ist selbst keine Katze, enthält sich somit nicht selbst. Russell fragte sich nun, ob die Menge aller Mengen, die sich nicht selbst enthalten, sich selbst enthält oder nicht. Angenommen, sie enthält sich selbst, dann tut sie dies per

Sprache baut sich auf aus Individualzeichen (Eigennamen, Konstanten) und Variablen sowie aus Prädikatzeiten. Dazu kommen noch die logischen Zeichen der Aussagenlogik (etwa Negation und Implikation) sowie der Allquantor: »Für alle x trifft das Prädikat P zu« – in der Sprache der Prädikatenlogik: (x) P(x). Vorgegeben sind Regeln, die es gestatten, aus diesen Zeichen Formeln zu bilden, also eine Grammatik, um aus den Symbolen »sinnvolle« Symbolketten zu formen. Gewisse Formeln sind ausgezeichnet, die sogenannten Axiome. Ferner sind noch Regeln (sogenannte Deduktionsregeln) vorgegeben, die es gestatten, aus den Axiomen neue Formeln zu gewinnen, abzuleiten (sogenannte Theoreme). Diese axiomatische Methode präzisiert also logisches Schließen. Es ist »verboten«, irgendwelche neuen Symbole oder Deduktionsregeln zu verwenden. Nur die regelgerechten Symbolketten haben den Status von Theoremen, sind »syntaktisch wahr«. Die Prädikatenlogik ist strikt formal, das heißt, die Symbole und die daraus gebildeten Formeln, Axiome und Theoreme haben keine inhaltliche Bedeutung, sie sind frei von jeglicher Semantik: Auch wenn man die Zeichenfolge (x) P(x) mit »Für alle x gilt P« bezeichnet, so ist das bloß ein Name. Genauso hätte man sie mit »Klammer auf, x, Klammer zu, P usw.« oder »Rund 1, Kreuz, Rund 2« usw.) bezeichnen können. Das erste formale, axiomatisierte System der Prädikatenlogik geht auf Gottlob Frege zurück. Bis heute hat sich dieses System als logische Sprache der Mathematiker bewährt, wobei es je nach Bedarf durch wohldefinierte Zusatzzeichen (zum Beispiel Gleichheitszeichen » = «) und Zusatzaxiome erweiterbar ist. Neben diesem syntaktischen Aufbau benötigt der Mathematiker aber auch »Modelle«, Interpretationen gewisser prädikatenlogischer Formeln. Dabei gehen etwa Individualzeichen in feste Zahlenwerte über, die Variablen variieren in einer Zahlenmenge, ein Prädikatenzeichen wird zur Ordnungsrelation »größer als« u. ä. Dabei sollen die entsprechenden Interpretationen der prädikatenlogischen Axiome und der die entsprechende mathematische Theorie definierenden Zusatzaxiome zu gültigen Aussagen des Modells werden. Aus diesem Modellbegriff leitet sich der Begriff der »semantischen« Wahrheit ab: Eine Formel heißt semantisch wahr für eine Theorie, wenn ihre Interpretation in jedem Modell der Theorie gilt.

definitionem nicht: Sie enthält ja nur solche Mengen, die sich nicht selbst enthalten. *Tertium non datur*: Sie enthält sich nicht selbst. Dann aber enthält sie sich per definitionem doch selbst. Was immer man annimmt, es führt zum Widerspruch. Der damalige naive Begriff einer Menge entspricht dem Prädikatsbegriff bei Frege: Jedes Prädikat definiert eine Menge als Zusammenfassung aller Objekte, auf die dieses Prädikat zutrifft, und umgekehrt entspricht jeder Menge A das Prädikat »gehört der Menge A an«. Damit erwies sich Freges Axiomatisierung der Prädikatenlogik als widersprüchlich, und das Programm des Logizismus, die gesamte Mathematik auf die Prädikatenlogik zurückzuführen, war bereits in den Kinderschuhen gescheitert.

Russells Antinomie beruht auf der Selbstbezüglichkeit der Erhaltensrelation. In der Folge wurde eine Reihe ähnlicher Antinomien entdeckt bzw. wiederentdeckt, wie etwa die Antinomie des Lügners. Einige davon bedienen sich sprachlicher Tricks; sie hängen von der verwendeten Semantik ab. Die Russellsche Antinomie ist aber ein syntaktisches Konstrukt, das sich nur durch eine Änderung der Syntax beheben läßt. Diese Änderungen wurden auch durchgeführt. Russell selbst entwickelte eine Typentheorie, in der es nicht vorkommen kann, daß ein Prädikat auf sich selbst angewendet werden oder eine Menge sich selbst enthalten kann. Alle heute in den Formalwissenschaften gebräuchlichen Axiomensysteme schließen Selbstbezüglichkeiten als Quelle des Widerspruchs aus.

Eine andere Reaktion auf den Zusammenbruch des Logizismus kam, wie oben erwähnt, von Luitzen Brouwer. Er sah im Auftreten von Antinomien nur ein Symptom eines tieferliegenden Sachverhalts. In der Logik wie in der Mathematik wird das Unendliche mit Methoden behandelt, die ihren Ursprung im Umgang mit dem Endlichen haben. Die Übertragung dieser bloß für endliche Mengen gültigen Regeln in den Bereich unendlicher Mengen ist aber nicht begründet. Verwendet Frege die Werte »wahr« und »falsch« als Eigennamen für die Platonischen Objekte »das Wahre« bzw. »das Falsche«, so sind sie bei Brouwer Bezeichnungen für die Beendigung eines Beweises oder einer Konstruktion. Eine Aussage ist wahr im Sinne Brouwers, wenn man mittels eines genau definierten Verfahrens, einer Konstruktion entscheiden kann, ob das betrachtete Objekt das zur Diskussion stehende Prädikat nicht erfüllt. Diese auf den ersten Blick harmlose Einfügung einer Konstruktion hat schwerwiegende Konsequenzen. Das Prinzip des *tertium non datur* fällt. Aus Brouwers Sicht heißt dieses Prinzip: Für jede beliebige Aussage findet sich immer eine Konstruktion, die diese als wahr oder falsch erweist. Für Brouwer sind aber Aussagen erst dann wahr oder falsch, wenn man über die entsprechende Konstruktion verfügt. Ebenso ergibt sich, daß eine Aussage nicht mehr logisch äquivalent zu ihrer doppelten Verneinung ist, denn aus der Konstruktion der Negation von non-A ergibt sich noch keine Konstruktion für die von A.

Ein anderes Indiz für die Problematik des *tertium non datur* ergibt sich aus dem berühmten Gödelschen Unvollständigkeitssatz. Der syntaktische Wahrheitsbegriff (also der Begriff der Ableitbarkeit) erweist sich als nicht mehr zweiwertig. Wie Gödel zeigte, gibt es in entsprechend reichen logischen Strukturen Aussagen, die sich ebenso wie ihre Negationen nicht aus den Axiomen ableiten lassen. »Syntaktisch nicht beweisbar« wird neben »syntaktisch wahr« bzw. »falsch« zum dritten Wert: *tertium datur*.

II. Transklassische Logik

1. Die Radikalisierung des Formalismus

Auf der Basis der klassischen, der zweiwertigen Logik gelingt es der abendländischen Zivilisation, in der Gestalt der Maschine Objektivationen des menschlichen Geistes zu produzieren, die, existieren sie erst einmal, weitgehend von ihrem kulturellen Entstehungskontext unabhängig sind. Diesem Vermögen liegt zugrunde eine weitestgehende Abstraktion von konkreten Inhalten in der formalen Logik, die Herausbildung des reinen Formalismus. Traditionelle Formen objektiven Geistes bedeuten stets die Festlegung *bestimmter* Inhalte einer Kultur, *bestimmte* Verhaltensweisen, *bestimmte* Glaubensinhalte etc. Eine Theorie, die sich von inhaltlichen Festlegungen löst, kann auch von anderen Kulturen verstanden werden.

Die Stärke der operationalen Theorie, die dazu geführt hat, daß sie sich weltweit gegenüber allen anderen durchsetzen konnte, ist in zwei Eigentümlichkeiten begründet:

a) Mit der Produktion der Theorie entsteht gleichzeitig die ihr gemäße Realität. Es handelt sich nicht um eine bloß erkennende Theorie, sondern um eine Theorie des Veränderns und Handelns.
b) Sie ist universell, weil sie vom menschlichen Individuum abstrahiert und eine Weltgesellschaft konstituiert.

Diese beiden Stärken korrespondieren aber unübersehbar mit entsprechenden Schwächen:

a) Die Produktivität der Theorie erfolgt unkontrolliert, gleichsam im Selbstlauf. Sie gerät außer Kontrolle, bis hin zur Selbstvernichtung der Menschheit.
b) Sie mißversteht sich selbst als absolut, weil sie ihre Entstehung, ihre Historizität verleugnet. Daher verhält sie sich gegenüber anderen Kulturen und Theorien kolonial. Vertreter anderer Kulturen werden als defizitär eingeschätzt, als »Wilde« oder als »Unterentwickelte«.

Diese Logik ist an ihre Grenzen gekommen. Wir stehen historisch vor einem Dilemma: Man kann die Kritik an dieser Logik durchaus rational formulieren. Aber sie kann sich gegenüber der operationalen Kraft der abendländisch-klassischen Theorie nicht durchsetzen, weil sie deren Funktion nicht ersetzen kann. Versuche, sie menschlicher Kontrolle zu unterwerfen, Appelle, sie auf ein »menschliches Maß« zu reduzieren, erscheinen angesichts der operationalen Stärke der klassischen Theorie als hilflos. Wer sollte die allgemeine Subjektivität, die gegen »objektive« Sachzwänge sich durchzusetzen imstande wäre, auch verkörpern? Der Aufruf zum Ausstieg aus unserer Zivilisation vermag ebenfalls kaum noch jemanden zu überzeugen. Ein subjektiver Kraftakt, der dies dennoch erzwingen wollte, käme wohl nicht umhin, die ganze Theorie und das Funktionieren ihrer Realität aufzuheben. Entsprechende Fluchtphantasien und Verheißungen sind denn auch der Weg, der gemeinhin vorgeschlagen wird. Eine effektive Kritik scheint letztlich nur als Schritt zurück möglich, als Schritt, der die historische Trennung von Subjekt und Objekt wieder zurücknimmt.

Die Kritik, wie sie von Gotthard Günther an der zweiwertigen Logik formuliert wird, mag daher überraschen. Sie geht in die entgegengesetzte Richtung: Er wirft ihr vor, in der Formalisierung *inkonsequent* und *unvollständig* geblieben zu sein. Die zweiwertige Logik könne ihren Entstehungsprozeß deshalb nicht reflektieren und sei deshalb der Kritik nicht zugänglich, weil sie nicht wirklich formal ist, sondern letztendlich durch die absolute wahr-falsch-Unterscheidung inhaltlich gebunden bleibt. Die Grundlagen unserer Wissenschaft und Technik vollziehen ihre Formalisierung nicht konsequent genug. Alle logischen Operationen bleiben durch den Wahrheitsbezug letztlich gebunden an das Sein, an den Ist-Zustand. Die Wahrheit liege außerhalb der Subjekte in der Beschaffenheit der Welt. Die Theorie sei an das Faktische gebunden. Wenn Subjektivität sich in mehr äußern soll, als nur in der linearen Fortsetzung der Vergangenheit, dürfe sie nicht durch inhaltliche Bestimmung festgelegt sein. Subjektivität, die nicht im klassischen Sinne determiniert sein will, benötige die Freiheit des Willens. Diese Freiheit setzt – formal betrachtet – inhaltlich nicht-determinierte Werte voraus. Die klassischen Werte »wahr« und »falsch« sind bereits determiniert; sie lassen keine Subjektivität zu. Die Tätigkeit des Subjekts äußert sich aber gerade darin, die gegebene Welt zu ändern, in den vorgegebenen Ablauf einzugreifen. Eingriffe, Veränderungen kennzeichnen menschliche Praxis.

Die Chance, den Selbstlauf der technologischen Systeme zu durchbrechen, besteht nach Gotthard Günther darin, daß es gelingt, technische und gesellschaftliche Prozesse als das zu modellieren, was sie sind, als verselbständigte menschliche Praxis und nicht als unabänderliches Sein. Die unlösbare Bindung der logischen Werte an das, was ist, an das Sein in der abendländischen Logik, führt zu dem fatalen Resultat, daß Praxis nur dann angemessen abgebildet werden kann, wenn sie im Sein nachträglich als Produkt erscheint. Das Werden, der Prozeß, das Mögliche bleiben ausgeschlossen. Zukunft läßt sich nur darstellen als Verlängerung der Vergangenheit über die Gegenwart hinaus.

Ein entscheidender Schritt Gotthard Günthers besteht darin, die Bindung der formalen Grundlagen an das Faktische zu lösen. Er hebt die Gleichsetzung der logischen Grundelemente mit einer absoluten inhaltlichen Bindung (»wahr«, »falsch«) auf und macht somit den Weg frei für ein Denken jenseits der klassischen Seinsbindung. Dazu bedarf es einer transklassischen Logik.

Die klassische Logik ist monothematisch. Sie faßt Subjektivität nicht als eigenes Thema, sondern nur als Widerspiegelung des Objektiven mit umgekehrtem Vorzeichen. Das Subjekt, das den logischen Kalkül formuliert hat, ist in diesem selbst nicht enthalten. Die Entstehungsgeschichte des Kalküls ist ausgelöscht. Er scheint als gegeben, bestenfalls als entdeckt, aber nicht als produziert. Bei der Berücksichtigung eines Subjekts in einem solchen logischen Kalkül gerät dieses zum Objekt. Es wird eindeutig identifiziert, isoliert und abgegrenzt und erhält als beobachtetes Subjekt den gleichen ontologischen Status wie etwa ein Stein. Um die Objektivität einer Beobachtung zu garantieren, ist der Handelnde als Beobachter nicht im Bereich seiner Beobachtung enthalten.

Die von Gotthard Günther monierten Beschränkungen der klassischen Logik wurden in der kybernetischen Diskussion durchaus schon früh erkannt. Während in der ersten Phase der kybernetischen Diskussion (*first order cybernetics*) ungebrochen an der Seinsorientierung festgehalten wurde, thematisiert die *second order cybernetics* folgerichtig die *metaphysischen Voraussetzungen* der klassischen Logik. Dies soll am Beispiel des »Calculus of Indication« (CI) von George Spencer Brown[34] illustriert werden.

34 Vgl. George Spencer Brown, *Laws of Form*, London 1969.

Der CI unterscheidet sich von der klassischen Aussagenlogik mit ihrer vorausgesetzten Wahrheitswerte-Semantik dadurch, daß er diese Voraussetzungen nicht auf eine Metaebene oder in die Erkenntnistheorie abschiebt, sondern in seinen eigenen Formbegriff mit aufnimmt. Spencer Brown begründet die Einführung seines CI durch eine Kritik an den wahrheitswert-semantischen Grundlagen der klassischen Aussagenlogik. Der ganze Apparat von Werten und Variablen verdecke weitgehend die Form der Logik. Der CI nimmt für sich in Anspruch, eine Ebene unterhalb der Wahrheitswerte-Semantik plaziert zu sein. Die »indication« (Markierung bzw. Unterscheidung) des CI gehe »deeper than truth«.

Die Einbeziehung des »observer« in seine Beobachtung ist dann eine Notwendigkeit, wenn lebende Systeme in ihrer Lebendigkeit von lebenden Systemen selbst beschrieben werden sollen. Die »second order cybernetics«, die sich dieser Aufgabe stellt, verlangt nicht nur einen, sondern zwei Standorte der Beobachtung: (a) den »observer« als externen Beobachter und (b) denselben »observer« als einbezogenen, als internen Beobachter. Als einbezogener in seine Beobachtung ist der »observer« immer Beobachter und nicht Beobachtetes. Sonst wäre die für die gesamte Beobachtung konstitutive Differenz nivelliert. Seine Identität muß sich also spalten in einen externen und internen Beobachter. Als interner Beobachter ist er selbst Beobachtetes seines externen Beobachtens, er wird aber als Beobachter beobachtet und nicht als Beobachtetes im ursprünglichen Sinne.[35]

Jeder Theoriebildung liegt die Methode zugrunde, Differenzen, Unterscheidungen, Teilungen vorzunehmen. Unterscheidungen zu treffen, bestimmt auch das Verhältnis von Lebewesen zu ihrer Umwelt. Es ist eine existentielle Notwendigkeit für ein lebendes System, daß es die Möglichkeit hat, komplexe Unterscheidungen simultan zu vollziehen. Die Systemtheorie in all ihren Anwendungsvarianten, insbesondere die radikal-konstruktivistische Sichtweise der Biologie durch Humberto Maturana und Francisco Varela und die damit verbundenen philosophischen Konsequenzen, führt zu einer formalen Aufarbeitung des Aktes des Unterscheidens. Spencer Browns Formalsystem »Calculus of Indication« stellt einen derartigen Versuch dar. Sein Konzept bean-

35 Vgl. Humberto Maturana, *Erkennen. Die Organisation und Verkörperung von Wirklichkeit*, Braunschweig und Wiesbaden 1982.

sprucht, noch vor jeder Wahrheit und Falschheit einen Bereich des Formalen zu eröffnen. Seine symbolischen Mittel sind denkbar einfach. Sie entsprechen der Kargheit einer einfachen Unterscheidung. In der Unterscheidung zweier Zustände wird einer mit einer Markierung versehen. Andererseits kann die Markierung gleichzeitig als Voraussetzung gesehen werden, um die Unterscheidung überhaupt vollziehen zu können. Der Akt der Unterscheidung hat eine Doppelnatur. Erstens wird eine Unterscheidung getroffen: Etwas ist verschieden von einem anderen Etwas. Zweitens wird einer dieser Zustände oder Objekte markiert, mit einem Namen belegt, bezeichnet. Spencer Brown verwendet für Interpretationszwecke sehr häufig eine räumliche Metapher: Im Unterscheidungsakt wird ein bisher homogener Raum in zwei Teile zerlegt. Es wird eine Grenze gezogen und ein Teil ausgezeichnet, markiert.[36]

Der Kalkül verwendet zwei elementare Zeichen: neben dem Zeichen »⌉« das *blank* » «, das als Leerzeichen fungiert. Ferner sind noch zwei Operationen gegeben: die Verkettung und das *crossing* von ⌉. Der Verkettung von »⌉« mit sich selbst, also der Kombination ⌉ ⌉, entspricht die Markierung der Markierung, die doppelte Markierung. Dem *crossing* entspricht die Markierung des Nichtmarkierten. Aus dieser Interpretation erscheinen die beiden Axiome des Kalküls verständlich: *the law of calling*. Die doppelte Markierung entspricht der einfachen Markierung, angeschrieben als: ⌉ ⌉ = ⌉. Markiert man den bereits markierten Raumteil noch einmal, so ändert sich nichts, er bleibt markiert. *The law of crossing*: Das *crossing* entspricht der Streichung einer Markierung, angeschrieben als: ⌉⌉ = . Markiert man den unmarkierten Raumteil, dann wird der ursprünglich markierte Raumteil sich von dem anderen nicht mehr unterscheiden – beide tragen ja ein und dieselbe Markierung; er wird unmarkiert.

Das Symbol »⌉« wird auch als Grenzüberschreitung interpretiert. »⌉ ⌉« entspricht einer parallelen Überschreitung: Man geht von A nach B und wiederum von A nach B, das Resultat ist dann der einfache Übergang von A nach B, eben ⌉. Das *crossing* entspricht der Hintereinanderausführung der Grenzüberschrei-

36 Genau genommen müßte man von einer Dreifachnatur sprechen. Der pragmatische Bereich, in dem der Gebrauch der Markierung bzw. Unterscheidung festgelegt wird, spielt hier aber eine untergeordnete Rolle.

tungen: Man geht von A nach B und dann von B nach A, man landet also wiederum in A, eine Grenzüberschreitung hat als Endprodukt gar nicht stattgefunden, ⌉⌉ = . Mit diesen beiden Axiomen kann man bereits eine Vielzahl von Operationen durchführen (zum Beispiel wird aus ⌉⌉⌉⌉ ⌉ der Ausdruck ⌉ ; denn = ⌉⌉⌉⌉ ⌉ = ⌉⌉ ⌉ = ⌉ – im ersten Schritt wurde das »innerste« ⌉⌉ gemäß dem *Crossing*-Axiom zum Leerzeichen, verschwindet also; im zweiten Schritt verschwindet das »linke« ⌉⌉). Fügt man diesem Kalkül noch die beiden zusätzlichen Axiome p⌉p⌉ = und pr⌉qr⌉⌉ = p⌉q⌉⌉r, wobei p, q und r Variable sind, hinzu, erhält man die sogenannte »primary algebra«. Sie entspricht als formales System unseren Vorstellungen einer Formalisierung des abstrakten Unterscheidens.

Der Haupttext von *Laws of Form* endet konsequenterweise mit der Ineinssetzung der ersten Unterscheidung mit dem Beobachter. »We see now that the first distinction, the mark, and the observer are not only interchangeable, but, in the form, identical.« Dieser Wiedereintritt, »re-entry into the form«, betrifft bei Spencer Brown die Architektur des Gesamtsystems: Der »observer« des Anfangs, der den Kalkül in Gang setzt, wird am Ende selbst zum Objekt seines Kalküls.

Die Hoffnung von Spencer Brown, mit seiner Formalisierung des abstrakten Unterscheidens einen Kalkül vorgelegt zu haben, der elementarer ist als die Aussagenlogik, hat sich nicht erfüllt. Zum einen läßt sich zeigen, daß der CI-Kalkül isomorph zur Aussagenlogik ist. Jede Symbolkette des CI läßt sich als Formel der Aussagenlogik interpretieren und umgekehrt. Damit steht der CI nicht mehr eine Stufe unter der Aussagenlogik sondern auf derselben. Zum zweiten taucht die Schwierigkeit auf, zu entscheiden, welche Rolle der Beobachter, also das Subjekt, das die Unterscheidung vollzieht, im CI einnimmt. Der Markierungsprozeß verlangt eine strikte Trennung zwischen Beobachter und Markierung. Wer die Aufforderung »Mach eine Unterscheidung, markiere sie!« befolgt, hinterläßt ein Produkt, eine Markierung, die von ihm abgelöst und unterschieden ist. Spencer Brown bestimmt aber das Verhältnis zwischen Beobachter und Markierung lakonisch mit dem Satz: »An observer is also a mark.« Damit markiert eine Markierung eine Markierung – eine Form der Selbstbezüglichkeit und damit ein Widerspruch zwischen der erkenntnistheoretischen Konzeption des CI und der Konzeption von Markierung.

Ein Lösungsversuch, diese Selbstbezüglichkeit durch Erweiterung (»Extended Calculus of Indication«, ECI) in den Griff zu bekommen, stammt von Francisco J. Varela.[37] Die oben beschriebene Selbstreferentialität entspricht der Situation einer Selbstbeobachtung bzw. Selbstunterscheidung. Im CI würde sich dies symbolisch durch $a = \overline{a|}$ ausdrücken lassen. Die Form $a = \overline{a|}$ ist aber im CI widersprüchlich. Es müßte nämlich gelten $\overline{\overline{p|}\,p|} = $. Für p a eingesetzt, erhält man $= \overline{\overline{a|}\,a|} = \overline{\overline{a|}\,\overline{a|}|} = \overline{\overline{a|}|} = a$, das heißt, $a = $, aber gleichzeitig gilt nach Definition $a = \overline{|}$. In der Selbstbeobachtung ist der Beobachter (Markierung) gleich dem Beobachtungsgegenstand (Nichtmarkierung). Varela erweitert den CI durch das Symbol $\Box$. $\Box$ steht als Wert für die Re-entry-Variable $a = \overline{a|}$, im erweiterten CI wird $\Box = \overline{\Box|}$ als Axiom hinzugenommen.

Varela versucht, den Mechanismus des »re-entry« selbst als objektsprachliche Form, als die sich-selbst-markierende Marke, als »self-cross« in den Kalkül hineinzunehmen. Damit wird nicht nur unterschlagen, daß der Ausgangskalkül, der CI geschwächt wird, indem er wesentliche Gesetze der Unterscheidung amputiert, den Kalkül also bezüglich seiner Trennschärfe »immunisiert«, sondern auch, daß er selber wiederum seinen ersten Observer, der das ganze Spiel mitsamt seiner Selbstmarkierung beginnt, am Schluß wieder in den Kalkül eingliedern muß und damit eine neue Runde im Re-entry-Spiel einleitet, ohne daß er diese metatheoretische Iteration in seinem Extended Calculus of Indication (ECI) abbilden könnte.

Zudem führt er anfänglich den »Wiedereintritt« ein als eine einzige selbständige objektsprachliche Form der Selbstbezüglichkeit. Als solche ist sie invariant bezüglich weiterer Unterscheidungen, das heißt, die Unterscheidung der Selbst-Unterscheidung ist identisch mit der einen und einzigen Form der Selbstunterscheidung, dem »self-cross«. Später sieht er, daß der Selbstbezug selber viele Formen hat und eine Potenzierung seines ECI bewirkt. Das anfängliche Ziel, die Autonomie der Selbstbezüglichkeit zu formalisieren, wird im Verlauf der weiteren Diskussion aus dem Auge verloren. Es löst sich sukzessive die Identität des CI auf. Spätestens hier findet der Umschlag der »Law of Form« in die »Flow of

37 Vgl. Francisco Varela, *Principles of Biological Autonomy*, New York und Oxford 1979.

Form« statt, und zwar ganz einfach deswegen, weil aus der Zwei-Seiten-Form des CI ein nun »schlecht« unendlichwertiger Kalkül entstanden ist, der weder als (mehrwertige) Logik, noch als Kalkül der Formen Interesse erwecken kann.[38]

Dieses Vorgehen scheitert in der gleichen Weise wie die klassische Logik bei dem Problem der Selbstbezüglichkeit. Das Problem besteht darin, daß der »Beobachter« in zweifacher Weise auftaucht: als externer Beobachter und als interner Beobachter. Dieselbe Person tritt also zweimal auf. Die entscheidende Differenz besteht darin, wie seine Position im Hinblick auf den Kalkül definiert ist. Das eine Mal ist er Objekt des Kalküls, das andere Mal das selbst außerhalb des Kalküls stehende Subjekt.

Gefordert wäre, diese Differenz, die eine hierarchische ist, festzuhalten, aber gleichzeitig die Tatsache, daß es sich um ein und dieselbe Person handelt, ebenfalls abzubilden. Diese Gleichzeitigkeit kann weder in der klassischen Logik noch im CI von Spencer Brown modelliert werden. Entweder fällt beides in eins, die Differenz verschwindet und es bleibt der Beobachter als Objekt des Kalküls. Oder der Beobachter wird zusätzlich Teil eines zweiten Kalküls auf einer Metaebene, auf der er wiederum zum Objekt wird, das nunmehr von einem externen Beobachter beobachtet werden kann, und so fort.

Die Gleichzeitigkeit des doppelten Status des Beobachters kann nur dann modelliert werden, wenn die Verschiedenheit der Orte der Beobachtung in den Kalkül integriert wird. Wie in der klassischen Logik existiert auch im CI von Spencer Brown nur ein einziger, universeller Raum der Unterscheidung. Dieser erscheint per se als gegeben. Die Tatsache, daß er durch die Tätigkeit des Unterscheidens erst produziert wird, ist nicht abgebildet.

Die einzige Möglichkeit, die Orte zu relativieren, wäre der Beobachter, der unterscheidet und markiert. Dies ist der Ort, von dem aus markiert wird. In einem homogenen Raum der Unterscheidung gibt es nur eine Art der Unterscheidung. Sie ist ortsunabhängig. Was für *einen* Ort gilt, gilt auch für jeden anderen.

38 Vgl. Rudolf Kaehr, »Disseminatorik: Zur Logik der ›Second Order Cybernetics‹. Von den ›Gesetzen der Form‹ zur Logik der Reflexionsform«, in: Dirk Baecker (Hg.), *Kalkül der Form*, Frankfurt am Main 1993, Seite 159-166.

O → B(int) → B(ext)

Nach dem »re-entry« wird der externe Beobachter wieder in den Kalkül hineingeholt. Damit ist im CI die Differenz zwischen beiden verschiedenen Ebenen nivelliert. Dies kann nicht anders sein, wenn der Anspruch auf *eine einzige* universell gültige Kontextur aufrechterhalten wird. Unter einer Kontextur stelle man sich einen Ort vor, an dem die Regeln der klassischen Logik erfüllt sind. Wird dieser Anspruch aufgegeben, dann zeigt sich, daß der Beobachter als interner Beobachter selbst wiederum *Objekt* einer Beobachtung in einer *anderen* Kontextur ist.

A	O ———→	B(ext)	B	B(int) ———→	B(ext)
	Objekt	Subjekt		Objekt	Subjekt

In der klassischen Logik ist eine solche Trennung des Kontextes ebenfalls möglich durch die Einführung von Metaebenen. Aber dort ist eine Vermittlung zwischen den Ebenen ausdrücklich ausgeschlossen, weil sie zu Widersprüchen führen würde. So unbestreitbar die Differenz zwischen beiden genannten Kontexturen existiert, so sicher ist, daß sie nicht unabhängig voneinander sind, auch wenn dieser Zusammenhang in der klassischen Logik nicht modelliert werden kann.

2. Kontextur und Reflexion

Gotthard Günther sieht als Mindestvoraussetzung für die Möglichkeit der Vermittlung zwischen verschiedenen Kontexturen die Existenz von drei Kontexturen an. Das Verhältnis dieser drei Kontexturen untereinander wird durch drei *Ordnungsrelationen*, zwei *Kongruenzrelationen* und eine *Umtauschrelation* geregelt. → bezeichne eine Ordnungsrelation, ↕ bezeichne eine Umtauschrelation, | bezeichne eine Kongruenzrelation. Dies sei am Beispiel des Verhältnisses zwischen internem und externem Beobachter erläutert:

A	Objekt →	B(ext)		Objekt →	Subjekt	
	|	↕		|	↕	
B	|	B(int) →	B(ext)	|	Objekt →	Subjekt
	|		|	|		|
C	Objekt ———	——→	B(ext)	Objekt ———	——→	Subjekt

Die erste Kontextur (A) stellt die unterste Stufe des Denkens bzw. des Bewußtseins dar: das noch nicht bewußte, unmittelbare Denken des Seins, die sinnliche Gewißheit, bei Hegel die Reflexion-in-anderes. Die zweite Kontextur (B) stellt die Reflexion der ersten Situation dar, die Reflexion der Wahrnehmung und des Denkens in der ersten Kontextur (Reflexion-in-sich). Die dritte Kontextur (C) kehrt nun wieder zum ersten Objekt des Denkens zurück und reflektiert dieses, nun aber nicht mehr als unmittelbar gegebenes Objekt, sondern als bereits reflektiertes (Reflexion-in-sich-und-anderes).

Die klassische Logik kennt nur die Situation der ersten Kontextur: Ein Subjekt betrachtet ein Objekt. Selbst auf der Metaebene wird dieselbe Situation hergestellt, auch wenn das Subjekt jetzt der externe Beobachter ist und das Objekt der interne Beobachter. Im Grunde sind in der klassischen Logik uneingestanden über die Metaebenen unterschiedliche Kontexturen entstanden, nur werden diese nicht als solche gesehen, sondern als Notbehelf, mit dem eigentlich Zusammengehöriges voneinander getrennt wird.

Der Beobachter ist als interner Beobachter Objekt einer anderen Beobachtung in einer anderen Kontextur. In der einen Kontextur ist der Beobachter Objekt, in der anderen Subjekt der Beobachtung. In einer einzigen, universellen Kontextur der klassischen Logik kann diese Differenz nicht festgehalten werden. Damit ist Reflexion in der klassischen Logik prinzipiell nicht thematisierbar. Daraus erwächst die Forderung nach einer Erweiterung. Eine Erweiterung der Logik muß die Möglichkeit bieten, diese Situation selbst wieder zum Gegenstand der Reflexion zu machen. Sie muß imstande sein, die Struktureigenschaften klassischer Logik zu reflektieren, das heißt, die komplexe Struktur der Reflexion über ihr operationales Funktionieren innerhalb des Objektbereiches hinaus abzubilden.

Eine fundamentale Voraussetzung dafür ist es, über die Möglichkeit der Unterscheidung und Vermittlung zwischen den Kontexturen zu verfügen. Wenn man zwischen einer Reflexion des Seins und einer Reflexion der Reflexion unterscheiden will, sieht Gotthard Günther die Notwendigkeit, eine umfassendere Form der Negation einzuführen. Faktisch wird in unserem Alltagsverhalten ständig in dieser Weise unterschieden und vermittelt: Jeder Akt bewußter und gezielter Planung und Manipulation setzt voraus, daß die Handelnden die Wirklichkeit und das Bild, das sie sich von der Wirklichkeit machen, auseinanderhalten können. Darüber hinaus muß das tätige Subjekt sich von beidem absetzen, vom dem Objekt des Handelns ebenso wie vom *Prozeß* des Handelns und des Abbildens. Diese Differenzierung ist kennzeichnend für das abendländische Denken und Handeln und keineswegs eine anthropologische Grundtatsache, auch wenn sie uns inzwischen so erscheint.

Sie kann aber in der klassischen abendländischen Logik nicht dargestellt werden. Denn diese Logik beruht auf der ontologischen Annahme, hier stehe ein einsames Subjekt dem ganzen Universum gegenüber und habe es zum Denkinhalt, zum Objekt. Der Begriff des Objekts ist dabei von unendlicher Allgemeinheit und läßt keine Differenzierung zu. Dies drückt sich aus in der einzigen Form der Negation, die in dieser Logik möglich ist, die zwischen Subjekt und Objekt: Alles was nicht Objekt ist, ist Subjekt, und alles was nicht Subjekt ist, ist Objekt. Das heißt, ein Denkgegenstand fällt unter die gleiche Kategorie des Objekts wie der Denk*prozeß* dieses Gegenstandes. Diese Negationsform ist eine *Umtauschrelation*. Das zeigt die doppelte Verneinung. Sie verändert ihr Objekt nicht. Sie kommt zu dem unveränderten Ausgangsobjekt zurück: non-(non-A) = A. Der Tatbestand, daß das Subjekt das Sein nicht nur im Denken wiederholt, sondern ein Bild konstruiert und die Welt verändert, bedarf logisch einer anderen Negationsform. Es geht nicht darum, den positiven Wert mit umgekehrten Vorzeichen zu wiederholen, sondern um die Negation der gesamten Alternative zwischen dem positiven Wert und seiner Negation. Erst dadurch erfolgt eine logische Distanzierung von dem einfachen Prozeß der Wiederholung. Die logische Reflexion erfolgt jetzt auf einer anderen Ebene und in einer anderen Kontextur.

Das Prinzip, sich aus einer dargebotenen Alternative zu lösen, indem die beiden entgegengesetzten Werte als eine Einheit betrachtet und somit als Ganzes negiert werden, ist nicht neu, sondern ein Prinzip der Dialektik, auch wenn es bisher keine Formalisierung gefunden hat.

Auf der höheren Ebene, auf der diese Reflexion stattgefunden hat, können die alternativen Werte der tieferen Ebene der Reflexion wieder auftauchen, aber sie haben dann eine andere Bedeutung: Diese Form der Negation reproduziert die Denkgegenstände nicht, »wie sie sind«, sondern verändert sie, bringt

Subjektivität als aktive und handelnde zum Ausdruck, eben als Subjektivität und nicht als Pseudoobjekt wie in der klassischen Logik. Die klassische Logik kann die Tätigkeit des Subjekts nicht beschreiben, weil der klassische Negationsoperator keine Differenzierung zwischen den abgebildeten Gegenständen und dem Prozeß der Abbildung erlaubt. Hieraus ergeben sich die bekannten Antinomien, die in der klassischen Logik auftreten, wenn Selbstbezüglichkeit thematisiert wird. Günther unterscheidet deshalb zwischen der Ebene des irreflexiven Seins (I) und der Reflexion des Seins (R). »R« kann nun ihrerseits reflektiert werden. Die Reflexion von »R« ist »D«. »D« steht für »doppelthematisch«, denn es reflektiert »R«, wie es »I« denkt. Das heißt, auch »I« taucht hier wieder auf, aber als Gedachtes, also in einer anderen Bedeutung, als wenn »R« »I« reflektiert.

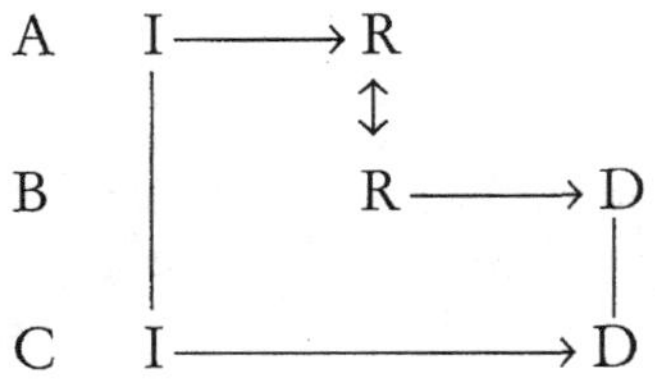

Interpretieren wir jetzt das Verhältnis von »I« und »R« als klassische zweiwertige Struktur, dann können wir »I« dem Sein zuordnen, und »R« seiner Reflexion. Im klassischen Denken ist »R« die Negation von »I« und die Negation von »R« ergibt wiederum »I«. Aber durch die Einführung von »D« kann »R« auch zusätzlich durch eine andere Negation reflektiert werden. Diese neue Form der Negation von »R« ergibt »D«. Das Verhältnis nun zwischen »R« und »D« ist von dem gleichen zweiwertigen Kalkül bestimmt, wie er zwischen »I« und »R« gültig ist. In der Günther-Logik wird somit bei der Reflexion auf die klassische Logik wieder ein zweiwertiges Bewußtsein gebraucht. Der Unterschied zum klassischen Denken besteht nun darin, daß die beiden zweiwertigen Reflexionssituationen nicht identisch sind: Auf der ersten Stufe der Reflexion, in der »I« von »R« reflektiert wird, verkörpert »R« den Reflexions*prozeß*. Auf der zweiten Stufe, in der »R« von »D« reflektiert wird, wird »R« zum *Gegenstand* der Reflexion. Da »D« *doppelthematisch* ist, gibt es außerdem das

Negationsverhältnis von »I« und »D«. Während im Verhältnis von »R« und »D« »D« die logische Struktur des zweiwertigen Denkens reflektiert, reflektiert es im Verhältnis von »I« und »D«, wie die Objekte des Seins im Denken abgebildet werden. Die drei jeweils in sich zweiwertigen Negationsverhältnisse lauten also:

$$I \leftrightarrow R$$
$$R \leftrightarrow D$$
$$I \leftrightarrow D$$

Diese Logik des Bewußtseins als Reflexionssystem besteht aus drei identitätstheoretisch zweiwertigen Kalkülen, die drei semantisch unterschiedliche Identitätsmotive haben:

Seinsidentität	= Welt (Es)
Reflexionsidentität	= Ich (Innerlichkeit)
Transzendentalidentität	= Du (objektives System der Reflexion)

Mehrwertige Logiksysteme im Sinne dieser transklassisch genannten Logik basieren, darauf muß ausdrücklich hingewiesen werden, jeweils auf zweiwertiger Basis, auf der Trennung zwischen einem Reflexionsgegenstand und dem Reflexionsprozeß. Das Neue liegt darin, daß ein und dieselbe zweiwertige Logik auf verschiedenen Bewußtseinsstufen angewendet werden kann, die jedoch miteinander in Beziehung stehen. Die Günther-Logik beschreibt das Abhängigkeitssystem der möglichen *Stellenwerte*, die die klassische Logik in dem Reflexionssystem unseres Bewußtseins einnehmen kann. Je nach Stellenwert erhält der zweiwertige Kalkül eine verschiedene semantische Bedeutung. Mit dem Bedeutungswechsel, dem die Denkinhalte unterliegen, wenn die logische Ebene wechselt, ist formal die Möglichkeit gegeben, das Verhältnis des Subjekts zu seiner Umgebung doppelsinnig zu modellieren. Wir hatten am Beispiel einer Autobahnfahrt versucht, diese zwei Seiten der menschlichen Tätigkeit zu veranschaulichen und angemerkt, daß im abendländischen Weltbild und der dazugehörigen Logik nur die eine Seite ausgedrückt wird, die der Abbildung der Wirklichkeit auf ein Modell, die kontemplative, erkennende Seite des Subjekts. Die andere, die aktive Seite der menschlichen Praxis kann logisch nicht reflektiert werden.

Das Programm der logischen Durchdringung der Struktur der Reflexion ist für Günther die abschließende Stufe innerhalb der Geschichte reflexionstheoretischer Konzeptionen des Selbstbewußtseins. Klassisch, das heißt ungebrochen und unhinterfragt bis zum Einsetzen des Kritizismus, wurden zwei Bewußtseinsstufen unterschieden. Zunächst erscheint danach das sich selbst nicht bewußte, unmittelbare Bewußtsein von den Dingen, die sinnliche Gewißheit also, wie sie als direkte, abbildhafte Erfahrung des umgebenden Seins gefaßt werden kann (Kontextur A). Die zweite Stufe stellt den Reflex dieser ersten dar: Reflexion des einfach reflektierten Bewußtseins und der sinnlichen Gewißheit (Kontextur B). Erst mit Kant, insbesondere aber mit der »Großen Logik« und der »Phänomenologie des Geistes« von Hegel setzt eine weitere Stufung an, die als doppelt reflektiertes Bewußtsein auf die erste Reflexion des Bewußtseins selber wieder Bezug nimmt (Kontextur C).

Das Problem, das dabei dem gesamten spekulativen Idealismus erwuchs, war das Problem der unendlichen, sich auf sich selbst beziehenden Wiederholung (infinite Iterierbarkeit). Das Selbstbewußtsein wendet sich Schritt für Schritt auf sich selber als Gegenstand seines Denkens an. Der Beobachter macht sich zum Objekt von einer Metaebene aus, auf dieser Metaebene wird er selbst zum Objekt von einer Meta-Metaebene aus und so fort. In der Unendlichkeit der Metaebenen ist die Unmöglichkeit angelegt, die Identität des Bewußtseins mit sich selbst zu erweisen.

Diese »schlechte Unendlichkeit« des »unglücklichen Bewußtseins« (Hegel) läßt sich aber auffangen, indem sie eigens und ausdrücklich thematisiert wird. Damit nämlich wird die unendliche Reflexionstiefe selber zum Gegenstand einer Reflexion. Diese darf nicht wiederum als eine weitere Metaebene innerhalb der unendlichen Iterationen angesehen werden. Deshalb ist es das Programm Gotthard Günthers, der thematischen Erweiterung eine strukturelle Erweiterung beizustellen, die komplex genug ist, eine Formalisierung des Reflexionsthemas zu leisten. Diese Erweiterung kann keine bloße Ergänzung sein. Es muß sich vielmehr ein qualitativer Umbruch vollziehen.

In der klassischen Logik wurde die Dualität von Denken und Sein dahingehend wiederholt, daß sie den beiden Bereichen die sich jeweils negierenden Werte von Positivität und Negativität zuordnete. Der sich von der Realität abstoßende Reflexionsprozeß entsprach dem negativen Wert, der positive Wert hingegen bezeichnete das Sein. Ausgehend von diesen zwei Motiven, die sich wie Spiegelbilder gegenüberstehen, hat jede Entscheidung für eines von beiden zur Folge, daß das jeweils andere negiert werden muß bzw. in den Hintergrund gedrängt wird. Seinen höchsten Ausdruck hat diese Dichotomisierung in den inversen Auffassungen von Idealismus und Materialismus gefunden.

Das Thema, das mittels der klassischen Logik dargestellt werden kann, ist das sich selbst gleiche Sein, das als fertiges, vorgegebenes gedacht wird. Das Subjekt spiegelt das Sein, indem es dieses Sein reflektiert. Dann ist aber über den Reflexionsprozeß, in dem es sich von der Realität abstößt, nichts in Erfahrung zu bringen. Soll nun auf dem Boden der Dualität von Position und Negation der Prozeß des sich Abstoßens von der Welt beschrieben werden, so stellt die klassische Logik hierfür keine neue Negationsform zur Verfügung, sondern bietet nur die, die schon für die erste Abbildung von Sein im Denken benutzt wurde. Also muß der Prozeß des sich Abstoßens von der Welt als Positivität, als objektives Sein gesetzt werden, um überhaupt beschreibbar zu sein. Diese Setzung kann jedoch mit den zwei Werten der klassischen Logik nicht befriedigend bewältigt werden. Das Fehlen einer neuen, der Reflexionsthematik entsprechenden Negationsform führt dazu, daß die Prozessualität des Abbildens in immer höhere Metaebenen des »unglücklichen Bewußtseins« verschoben wird. Dabei wird auf die Änderung der Struktur des neu in den Blick tretenden Objektbereichs keine Rücksicht genommen, sondern in Ermangelung eines Besseren wird der Prozeß der Reflexion vergegenständlicht und mit den gleichen Gesetzen behandelt, die für die Bewältigung des irreflexiven Seins zuständig und hinreichend waren. Das Dilemma ist offensichtlich. Einerseits gibt es unter klassischer Perspektive nur zwei Werte, die sich gegenseitig vollständig ausschließen. Andererseit verfügt das reflektierende Subjekt über die Fähigkeit, ein und dasselbe Sein unter zwei Aspekten zu betrachten: Die Abbildung von Welt bedeutet neben der zu denkenden Welt eben auch die aktual gedachte Welt. Und das bedeutet: Wir können zwar die Welt als reflexionslose Existenz mit einem logischen Wert bezeichnen (Positivität), aber wir benötigen zwei Werte, um sie zu denken, das heißt, als vorgestelltes Bild zu entwickeln.

An dieser Stelle treten zwei Schwierigkeiten auf. Tritt, zum einen, der Denkgegenstand »Welt« als *Bewußtseinsinhalt* auf, so kann er als Abbild der Welt nicht mehr von nur einem Wert designiert, bezeichnet werden, da er sonst von seinem objektiv existenten »Urbild« nicht zu unterscheiden wäre. Auf der anderen Seite kann »Welt« nicht von zwei Werten gleichzeitig designiert (bezeichnet) werden, weil sich auf dem Boden der Wertlogik zwei Werte immer nur im Widerspruch von positiv und negativ denken lassen. Und zweitens: Wie ist zu verhindern, daß diese Werte, um überhaupt einen Unterschied zu gewinnen, in die immer höheren Metaebenen des »unglücklichen Bewußtseins« verschoben werden?

An diesem Punkt vollzieht Günther zwei entscheidende Wendungen. Er behauptet die strukturelle Identität von Position und Negation und er gibt die These der Identität des logischen Formalismus mit dem Wertformalismus von Positivität (wahr) und Negativität (falsch) überhaupt auf.

3. Wertabstraktion

Die strukturelle Identität von Position und Negation hat Reinhold Baer[39] als *Isomorphie* bestimmt. Die Position ist der Negation immer umkehrbar eindeutig zugeordnet. Zwar ist jede Position von ihrer Negation substantiell verschieden, aber aufgrund der Zuordnung besteht kein struktureller Unterschied. Affirmation und Negation stehen sich wie Spiegelbilder gegenüber, und aufgrund dieser symmetrischen Struktur ergeben sich zwei isomorphe Systeme, die zwar einander inhaltlich widersprechen, die jedoch, strukturell gesehen, identisch sind, wie Günther am Beispiel von Idealismus und Materialismus illustriert. Insofern ist es innerhalb dieser isomorphen Struktur gleichgültig, welches der Systeme bevorzugt wird, da durch Negation das jeweils andere erzeugt werden kann. Das Verhältnis von Positivität und Negativität kann als symmetrisches Umtauschverhältnis beschrieben werden, und mithin besteht kein zwingender Grund, an der von der Tradition festgelegten Zuordnung hinsichtlich Denken

39 Reinhold Baer, »Hegel und die Mathematik«, in: *Verhandlungen des 2. Hegelkongresses vom 18.-21. 10. 1931*, herausgegeben von B. Wigersma, Tübingen 1932.

und Sein festzuhalten. Wenn die Position nicht mehr zwingend dem Sein als Gedachtem und die Negation nicht mehr dem Denken zugeordnet ist, so muß sich der logische Formalismus auch nicht mehr zwingend mit dem Wertformalismus von Positivität (wahr) und Negativität (falsch) in eins setzen.

Günther schlägt vor, den letzten Rest, der die formale Logik inhaltlich an das Sein bindet, die Orientierung an absoluten »Wahr«-»falsch«-Werten aufzugeben. Damit stellt er jedoch nicht den Gegensatz von positivem Wert und seiner Negation in Frage, sondern nur die Gleichsetzung von logischen Größen mit dieser Wertalternative. »Der Widerspruch von Positivität und Negation läßt sich aus keiner Beschreibung eines Wirklichkeitszusammenhanges, der Subjekt *und* Objekt gleichermaßen umfaßt, eliminieren. Es wäre töricht, das auch nur versuchen zu wollen. Wir geben deshalb die These von der Identität des logischen Formalismus mit Wertformalismus von Positivität (wahr) und Negation (falsch) auf.«[40]

Damit ist eine Erweiterung und Generalisierung der Logik in Gang gesetzt, die darauf zielt, hinter den Werten Strukturen aufzudecken, die komplex genug sind, um eine Formalisierung der Reflexionsphänomene zu leisten. Dieses »dahinter« wird durch die Abstraktion von den Werten »wahr« und »falsch« erreicht und kann als Leerstruktur des Funktionierens logischer Operationen verstanden werden.

Den Übergang von der klassischen Wahrheitstafel zu einem transklassischen Formalismus vollzieht Günther, indem er neue Symbole einführt. Die Aussagenlogik kennt sechzehn Möglichkeiten, zwei Aussagen miteinander zu verknüpfen. Zwei Beispiele hierfür sind die UND-Verknüpfung (Konjunktion) und die ODER-Verknüpfung (Disjunktion).[41] In abgekürzter Schreibweise können wir das Ergebnis von Konjunktion und Disjunktion wie folgt notieren:

40 Gotthard Günther, *Beiträge zur Grundlegung einer operationsfähigen Dialektik*, Bd. 1, a.a.O., Seite 213.

41 Umgangssprachlich könnte man die Regeln der UND-Verknüpfung so beschreiben: Eine Gesamtaussage, die zwei Einzelaussagen A und B durch ein UND miteinander verknüpft, ist dann wahr, wenn beide Einzelaussagen wahr sind. Ist nur eine der beiden Einzelaussagen

Konjunktion	Disjunktion
w	w
f	w
f	w
f	f

Insgesamt gibt es $2^4 = 16$ unterschiedliche Möglichkeiten, die beiden Werte »w« und »f« auf vier Stellen zu verteilen:

w	w	w	w	w	w	w	w
w	w	f	f	w	f	w	f
w	f	w	f	w	w	f	f
f	f	f	f	w	w	w	w

f	f	f	f	f	f	f	f
f	f	w	w	f	w	f	w
f	w	f	w	f	f	w	w
w	w	w	w	f	f	f	f

(Fortsetzung der Fußnote 41)
falsch oder gar beide, ist auch die Gesamtaussage falsch. Diese allgemeine Struktur wird in sogenannten Wahrheitstafeln notiert:

Aussage A	Aussage B	Aussage
wahr	wahr	wahr
wahr	falsch	falsch
falsch	wahr	falsch
falsch	falsch	falsch

Im Gegensatz zur UND-Verknüpfung wird eine mit ODER verknüpfte Gesamtaussage nur dann falsch, wenn *beide* Einzelaussagen falsch sind. Das Schema für die ODER-Verknüpfung lautet:

Aussage A	Aussage B	Gesamtaussage: A oder B
wahr	wahr	wahr
wahr	falsch	wahr
falsch	wahr	wahr
falsch	falsch	falsch

Wird von der inhaltlichen Bedeutung, die »w« und »f« in der obigen Aufstellung haben, abstrahiert, so fallen die oben aufgeführten Folgen mit ihren Negationen zusammen. Zum Beispiel besitzen die beiden klassischen Folgen

w		f
f	und	w
f		w
f		w

offensichtlich die gleiche Struktur

+
o
o
o

Es tauchen zwei verschiedene Zeichen auf, davon eines nur einmal, und zwar an erster Stelle, während das zweite Zeichen die drei folgenden Stellen belegt.

Wir haben in der obigen Liste der sechzehn möglichen »Wahr«-»falsch«-Kombinationen bereits die jeweiligen Negationen untereinander zugeordnet. In der ersten Reihe haben wir acht Folgen, denen in der Reihe darunter ihre Negationen zugeordnet sind. Abstrahieren wir von der inhaltlichen Bedeutung, bleiben also insgesamt acht mögliche Kombinationen von zwei Zeichen:

+	+	+	+	+	+	+	+
+	+	o	o	+	o	+	o
+	o	+	o	+	+	o	o
o	o	o	o	+	+	+	+

Entscheidend hierbei ist, daß die neu verwendeten Symbole nicht als Platzhalter einer festgelegten Inhaltlichkeit fungieren, sondern als Leerstellen verstanden werden müssen, die entweder besetzt werden können oder leer bleiben und die, wenn sie besetzt werden, entweder mit dem einen oder mit dem anderen Wert belegt werden können. Um den Unterschied zu den klassischen Wertfolgen, die ja immer »substantielle« Besetzungen darstellen, deutlich herauszustellen, gibt Günther der einzelnen Leerstelle den Namen *Kenogramm* (griech.: *kenos* = leer) und die Leerstruktur, also die Abfolge mehrerer *Kenogramme,* wird als *Morphogramm* definiert.

Die sechzehn »w«-»f«-Folgen sind vollständig. Ihre Vollständigkeit ergibt sich daraus, daß die inhaltliche Bindung an die Wahrheit des Seins keine anderen Werte als »wahr« und »falsch« hervorbringen kann. Und mehr als sechzehn Möglichkeiten, zwei Werte auf vier Stellen zu verteilen, gibt es nicht.

Die Frage der Vollständigkeit muß nun ebenfalls auf die Morphogrammatik bezogen werden. Aufgrund der Abstraktion von der Wertbelegung hatten wir aus den sechzehn klassischen Vertauschungen der Wahrheitswerte acht Morphogramme gewonnen. Die klassische Logik kann aufgrund ihrer inhaltlichen Festlegung mit nicht mehr als zwei Werten operieren. In der Morphogrammatik aber gibt es keinen Grund, sich auf zwei Kenogramme zu beschränken. Die morphogrammatische Struktur kennt als reine Strukturform nur die Unterscheidung zwischen »gleich« und »verschieden«. Daher müssen noch weitere Leerstrukturen bzw. Morphogramme existieren, zum Beispiel ein solches, in dem ein einmal gebrauchtes Symbol in keinem anderen Platz wiederkehrt.

Somit können vierstellige Morphogramme aus einem bis maximal vier Kenogrammen generiert werden. Zu den bereits beschriebenen acht aus ein oder zwei Kenogrammen gewonnenen kommen also noch die folgenden hinzu:

+	+	+	+	+	+	+
*	+	*	o	*	o	*
+	*	o	*	*	*	x
o	o	o	o	o	+	o

Damit ist die Reihe der vierstelligen Morphogramme vollständig, das heißt sämtliche Verteilungsmöglichkeiten für ein bis vier Kenogramme sind erschöpft.

Um mit den Morphogrammen operieren zu können, bedarf es nun der Einführung spezieller Operatoren, die diese Formen manipulieren bzw. ineinander überführen. Denn wenn die Ebene der Operationalität bar jeglicher Inhaltlichkeit als Permutation reiner strukturaler Leerformen erscheint, können die Operatoren nicht dieselben sein, die ihre Funktion bislang als Manipulatoren thematischer Substantialität erfüllten. Dies zeigt sich besonders deutlich hinsichtlich der klassischen Negation, die ja gerade das Symbol für den Umtausch der Wertbesetzung darstellt und morphogrammatisch funktions- und sinnlos ist.

Günther führt daher einen neuen Operator ein, der eine »Spiegelung« der Morphogramme ermöglicht. Damit ergibt die Anwendung des neuen Operators folgendes Bild:

1	2	3	4	5	6	7	8	9	10	11	12	13	14	15
+	+	+	+	+	+	+	+	+	+	+	+	+	+	+
+	+	o	o	+	o	+	o	*	+	*	o	*	o	*
+	o	+	o	+	+	o	o	+	*	o	*	*	*	x
o	o	o	o	+	+	+	+	o	o	o	o	o	+	o
o	o	o	o	+	+	+	+	o	o	o	o	o	+	o
+	o	+	o	+	+	o	o	+	*	o	*	*	*	x
+	+	o	o	+	o	+	o	*	+	*	o	*	o	*
+	+	+	+	+	+	+	+	+	+	+	+	+	+	+

Die Ebene der Morphogramme kann als Struktur verstanden werden, in der sich die Differenzen erst konstituieren bzw. der Gegensatz zwischen Positivität und Negation erst gebildet werden muß. Das heißt, es ist auch hier die Möglichkeit einer Wertbelegung gegeben, allerdings einer rein formalen Belegung mit sogenannten logischen Werten.

Betrachtet man nun die Reihe der Morphogramme, so zeigt sich, daß die ersten acht immer nur die klassische Struktur einer zweiwertigen Belegung ermöglichen, während von eigentlich transklassischen Morphogrammen erst dann die Rede sein kann, wenn mehr als zwei Werte gewählt werden können. Dies ist der Fall bei den Morphogrammen neun bis fünfzehn. Hier müssen über die Belegung mit positivem und negativem Wert hinaus noch zusätzliche Werte eingeführt werden. Somit eröffnet sich die Möglichkeit, der in der klassischen Logik zwingenden Alternative zwischen dem positiven oder dem negativen Wert (»A oder non-A«) wählen zu *müssen*, zu entgehen durch die Wahl eines dritten Wertes. Die Wahl dieses Wertes verwirft die angebotene Alternative zwischen Positivität und Negation als Ganzes. Günther nennt dies *Rejektion* und definiert die Funktion, die Rejektionswerte enthält, als *Transjunktion*, da mit dem Verwerfen der klassischen Alternative der gesamte irreflexible Seinsbereich verworfen wird.

Wenn man annimmt, daß das zweiwertige System eingebettet ist in ein komplexeres System, dann wäre die klassische Logik der Spezialfall einer mehrwertigen Logik. Innerhalb der klassischen Auffassung von Sein ist es aber völlig sinnlos, davon zu sprechen, das Sein sei in irgend etwas anderes eingebettet, da das Sein ja selbst *alles* sein soll. In einer systemtheoretischen Terminologie hieße dies, das objektive Sein muß per Definition *ohne Umwelt* beschrieben werden. Es wurde außerdem schon darauf hingewiesen, daß im Rahmen der klassischen Logik Subjektivität *als Subjektivität* nicht positiv dargestellt werden kann; sie wird über die unendliche Stufenleiter von Metasprachen einer infiniten Iteration ihrer selbst ausgesetzt. Dabei bleibt auf jeder Stufe ein unbewältigter Überschuß der Reflexion[42], der jeweils auf die nächsthöhere Ebene verlagert wird, ohne je zu einem Ende zu kommen. Die Reflexion als *Prozeß* kann auf diese Weise nicht positiv dargestellt werden. Genau dieser Reflexionsüberschuß, der die klassische Logik dem *unglücklichen Bewußtsein* preisgibt, taucht innerhalb der transklassischen Logik als Rejektionswert auf. Verwerfung als neue Form der Negation ist im Unterschied zur klassischen Negation nicht mehr symmetrisch, denn die sich nun ergebende Alternative zwischen Akzeption und Rejektion ist von tieferer, den Gegensatz von »positiv« und »negativ« umfassender Zweiwertigkeit.

4. Subjektivität

Der klassische Versuch, den Reflexionscharakter der Begriffe in der Allgemeinheit des logischen Begriffs aufzulösen, hatte die Einführung logischer Stufen notwendig gemacht. Dabei wurde (zwangsläufig) versucht, den Reflexionsbegriff in einer prinzipiell infiniten Kette von Metasprachen abzubilden. Da aber jede Metasprache relativ zu einer höheren Metasprache selbst zur Objektsprache wird, nimmt der Reflexionsprozeß stets wieder irreflexible Gestalt innerhalb der Objektsprache an, bis die Prozessualität fixiert und zum Stillstand gebracht wird. Solcherart zum Verschwinden gebracht, taucht die Prozessualität auf der Ebene

42 Vgl. Philippe Montigny, »Das Denken sub specie machinae«, in: Arno Bammé, Peter Baumgartner, Wilhelm Berger, Ernst Kotzmann (Hg.), *Technologische Zivilisation*, München 1987, Seite 216ff.

einer neuen Metasprache wieder auf, entzieht sich aber mit diesem fortdauernden Abwandern in immer höhere Ebenen letztlich für immer ihrer Darstellung *als Prozeß*.

Die Einführung morphogrammatischer Strukturen stellt dagegen eine Möglichkeit dar, diesem Dilemma mit einem erweiterten, tiefer gründenden Formalismus zu begegnen. Die Abstraktion von den Werten ermöglicht es, die Leerstruktur des Funktionierens der logischen Funktionen zu betrachten, womit Prozessualität auf einer Ebene dargestellt wird, die *vor* jeder thematischen Besetzung und Fixierung liegt. Da aber gleichzeitig zusätzliche Werte eingeführt werden, um den neugewonnenen Strukturreichtum auch auf der Ebene der logischen Werte aufrechtzuerhalten, können mit diesen Werten neue Themen bezeichnet bzw. reflektiert werden. Und sind die einzelnen Domänen nach verschiedenen Strukturprinzipien organisiert, so können die unterschiedlichen Gegenstandsbereiche im Formalismus erkennbar gehalten werden.

Die zur Verfügung stehenden Rejektionswerte markieren eine Grenze zwischen zwei Bereichen, indem sie den einen verwerfen und den Übergang in einen neuen darstellen. Damit erzeugen sie die Unterscheidung zwischen Systemen und ihrer jeweiligen Umgebung. Da Rejektionswerte jedoch in einer komplexeren Struktur selbst wieder zu positiven Werten werden können, kann in diesem Bereich die Rejektion selbst wieder thematisiert werden. Diese Wiederkehr der verschiedenen Themen der Reflexion in zunehmend komplexeren Strukturen entspricht den unterschiedlichen Bewußtseinsstufen der menschlichen Subjektivität. Im Gegensatz zur schlechten Unendlichkeit der Metaebenen in der klassischen Logik wären hier die einzelnen Kontexturen nicht voneinander isoliert, sondern die Übergänge können präzise modelliert werden. Subjektivität *als Subjektivität* bzw. Reflexion *in ihrer Prozessualität* ließe sich durchaus formal abbilden. Die Günther-Logik als ein operatives Gefüge mehrwertiger Leerformen (Kenogrammatik) beansprucht, hierfür die Formalstruktur zur Verfügung zu stellen. Sie vollzieht den letzten Schritt abendländischer Logik und abstrahiert von jeglicher substantiellen Wertbesetzung (»wahr«, »falsch«).

Demgegenüber orientiert sich Denken im klassisch-logischen Rahmen an der ursprünglichen platonischen Idee, daß das Objektive absolut sei. Im Verlauf des kollektiven Denk- und Erkenntnisprozesses nähern sich die Subjekte immer mehr der Wahrheit des

Objektiven an, damit nähern sie sich aber auch untereinander, denn das, was objektiv wahr ist, ist auch für *alle* denkenden bzw. erkennenden Wesen gleichermaßen verbindlich. Es kann nach dieser Vorstellung nur eine Wahrheit geben, eine umfassende Kontextur. Die Aufgabe dieses Gedankens im klassisch-logischen Rahmen hätte die Folge, daß es keine logische Grundlage für eine intersubjektive Übereinstimmung zwischen den Menschen mehr gäbe.

Die Differenz zwischen internem Beobachter und dem externen Beobachter, der sich den internen zum Objekt macht, ist auf logischer Ebene dieselbe wie zwischen einem »Ich«, das ein anderes Subjekt in der Form des »Du« als Objekt des Denkens besitzt. Subjektivität ist ein Phänomen, das über den logischen Gegensatz des »Ich als subjektivem Subjekt« und des »Du als objektivem Subjekt« verteilt ist, wobei beide eine gemeinsame vermittelnde Umwelt haben.[43]

In der Selbstreflexivität wird das Ich-Subjekt sich selber als Subjektivität bewußt, begegnet sich selbst als Pseudoobjekt. Das heißt, in der auf sich selbst bezogenen Reflexion erscheint das persönliche Ich als *passives* Objekt, auf das wir unsere *aktive* Aufmerksamkeit richten. Richtet sich der Blick des Ich-Subjekts nun auf ein anderes Du, so findet es in dieser hetero-referentiellen Beziehung nicht bloß ein Ding vor, denn diese Kategorie trifft ausschließlich die Irreflexivität, das heißt die unbelebte Objektsphäre, sondern begegnet erneut einer Form von Subjektivität. Diese Form der Subjektivität bleibt dem erkennenden Subjekt jedoch ausschließlich als Willensereignis beobachtbar und begreifbar, das heißt, als Ausdruck eines subjektiven Willens, der nicht der unsrige und für uns vollkommen unzugänglich ist.[44] Dies deshalb, weil Ich-Subjekt und Du-Subjekt den Raum des gegenseitig vermittelten Mediums ihrer gemeinsamen Umwelt nur über die in diese Umwelt transferierbaren Akte der Handlungen und der Entscheidungen betreten, während Erkenntnisprozesse als intrasubjektive Leistungen der Kognition kategorial vom Eintritt in das Medium ausgeschlossen sind. Die innerpsychischen Prozesse der Entscheidungsfindung und Motivation beim Du sind dem Ich

43 Vgl. Gotthard Günther, *Idee und Grundriß einer nicht-Aristotelischen Logik. Die Idee und ihre philosophischen Voraussetzungen*, zweite, durchgesehene und erweiterte Auflage, Hamburg 1978, Seite 107 ff.

44 Ebd.

nicht zugänglich. Erst die gefallene Entscheidung, die Handlung tritt in seinen Gesichtskreis.

Dem Ich tritt das Du genauso in objektivierter Form ins Denken wie der interne Beobachter. Das Verhältnis von subjektivem Subjekt (Ich) und objektivem Subjekt (Du) ist ein Umtauschverhältnis. Vollzieht man einen Perspektivenwechsel von der einen Subjektivität zur anderen, ist aus dem vormaligen Ich ein Du geworden und umgekehrt. Alle zuvor festgestellten logischen Eigenschaften und strukturellen Verbindungen finden sich wieder, allein mit umgekehrtem Vorzeichen.

Man könnte das Problem, das durch das Verhältnis von Ich- und Du-Subjektivität erzeugt wird, als innerphilosophisches Problem abtun, wenn nicht eines der zentralen Ziele der KI-Forschung darin bestünde, diese Subjektivitätsfaktoren mit den Mitteln der Computertechnologie zu modellieren. Das Problem besteht darin, daß der Gegenstand der Beobachtung, die Du-Subjektivität, nicht einfach durch seine Eigenschaften bestimmbar ist, sondern, wie zuvor angedeutet, darüber hinausgehend durch seine Fähigkeit charakterisiert werden muß, selbst zum Beobachter zu werden. Das heißt, Subjektivität ist nicht auf *ein einzelnes* Subjekt beschränkt, sondern verteilt sich auf *viele* Subjekte, die wechselweise sowohl in der Funktion des Ich, als auch der des Du aufscheinen können. Eine solche Konstellation erscheint zunächst als evident, spiegelt sich in ihr doch die alltägliche Erfahrung wieder, in der Individuen einander empirisch begegnen. Sie aber führt sofort zu der Frage, zumindest in ihrer klassischen skeptisch-solipsistischen Variante, wie der Nachvollzug der Erfahrungen des Anderen, wie die Anerkennung einer anderen Subjektivität möglich sei? Denn ihre gegenseitigen Bewußtseinsräume und -inhalte sind ihnen ja prinzipiell unzugänglich. Sie bleiben in der Introszendenz des Subjektiven eingeschlossen. Die Antwort Gotthard Günthers lautet, sie sei möglich, weil die Erfahrung des Anderen darauf beruhe, »daß das Ich in der Selbstreflexion einen Akt vollzieht, in dem es die Fremd-Reflexion (...) als fremde Selbst-Reflexion anerkennt«.[45] Diese Anerkenntnis einer anderen Subjektivität, die dem Ich als Du entgegentritt, ist insofern zwingend, als auch das Ich relativ zu dem Anderen als Du bestimmt

45 Gotthard Günther, *Das Bewußtsein der Maschinen*, Krefeld und Baden-Baden 1963, Seite 133.

wird und darin als Subjekt anerkannt und bestätigt sein will. Das heißt, die Notwendigkeit der Anerkenntnis der Subjektivität des Anderen ergibt sich aus der Unmöglichkeit, sich seiner eigenen Subjektivität ohne diese Anerkenntnis selbst gewiß zu werden. Denn wenn »das Ich die subjektive Selbst-Gewißheit seines Denkens nie auf das Du übertragen kann und von dem Du dasselbe gilt, dann erstreckt sich diese Unübertragbarkeit auch auf jenes Moment der Wahrheit, das als Erlebnisevidenz an die private Introszendenz des isolierten Subjekts angeschlossen ist«.[46]

Entscheidend hierbei ist, daß die Evidenz der Selbstgewißheit sich nicht mehr auf die cartesische Introspektion des »cogito« gründet: Evidenz wird gerade nicht mehr als das unmittelbare Gewißwerden des Subjekts von sich selbst gesehen, sondern tritt stets als Vermitteltes auf. Die notwendige Vermittlung ist aber kein objektiv gegebener Gegenstand. Sie ist vielmehr ein kognitiver Akt, der aus dem Gegensatzverhältnis zwischen Ich und Du resultiert. Dabei muß das Du als eigenes Thema formuliert werden. Auch wenn es aus der Perspektive des Ich innerhalb des objektiv gegebenen Gegenstandsbereichs auftritt, ist es für sich selbst ebenfalls ein Ich. Um dieser doppelten Verfaßtheit des Du gerecht zu werden, müssen die Verhältnisse zwischen zwei Subjekten sowie das Verhältnis zwischen einem Subjekt und der gegenständlichen Wirklichkeit, in die beide eingebunden sind, unterschieden werden. Damit ist die einfache Dualität von Subjekt und Objekt in eine Dreiheit von subjektivem Subjekt, objektivem Subjekt und Objekt überführt.

Für das Verhältnis zwischen dem subjektiven Subjekt und dem Objekt, mit dem es konfrontiert wird, gilt, daß die Identität des Objekts von dem Reflexionsprozeß des Subjekts nicht berührt wird. Es ist mit sich selbst identisch (*Seinsidentität*). Das Subjekt hingegen markiert einen reflexiven Überschuß, der zu einer Differenzierung des Identitätsbegriffs zwingt. Es muß nicht nur zwischen der Identität, wie sie für den irreflexiblen Bereich des Seins als Seinsidentität bestimmt wird, und der Identität des Subjektes unterschieden werden, sondern auch zwischen einer Ich- und einer Du-Subjektivität. »Damit fällt die ursprüngliche metaphysische Subjekt-Identität fort. An ihre Stelle treten *drei* Identitätsprinzipien, die wir als:

46 Ebd., Seite 136.

(a) Seinsidentität
(b) Reflexionsidentität
(c) Transzendentalidentität
bezeichnen wollen.«[47] Auf diesen Sachverhalt hatten wir weiter oben bereits hingewiesen.

In dem Akt, in dem sich das Ich vom bloßen Objekt absetzt, um dieses als das Andere, das Fremde außerhalb seiner zu begreifen, wendet sich die Reflexion nach innen. Die daraus resultierende *Reflexionsidentität* kann man als reine Innerlichkeit verstehen, aus der jedes Objekt ausgeschlossen ist. »Sie stellt das Subjekt dar, das in seiner eigenen Reflexion selbstbeschlossen ruht.«[48]

Da auch jedem Du diese Reflexionsidentität zukommt und dies aus der Perspektive des Ich gesehen werden kann, versteht Gotthard Günther das Bild des Du als das Bild des Ichs, das aus dem Verhältnis zwischen objektivem Subjekt und Objekt entwickelt wird. Da das Du innerhalb der Gegenstandswelt des Ich auftaucht und zugleich als Subjekt anerkannt wird, stellt es die Identität von Subjekt und Objekt dar – jene dritte Identitätskomponente, die Gotthard Günther *Transzendentalidentität* nennt.

Innerhalb der klassischen formalen Logik kann das Du nicht als eigenes Thema behandelt werden, vielmehr wird vom Unterschied zwischen Ich und Du zugunsten eines universalen Subjekts abstrahiert, das alle Subjekte umfaßt. Dieses stellt gleichzeitig die absolute Identität von Subjekt und Objekt dar, ohne den Reflexionsprozeß als solchen einzubeziehen. Die von Günther geforderte Differenzierung der metaphysischen Seinsidentität kann erst in der Trinität von Ich, Du und Es durchgeführt werden, wobei er zwischen Subjekt und Objekt eine dritte Komponente einführt, den reflexiven Prozeß, der einer reflexionsthematischen Formulierung des Du-Problems entspricht.

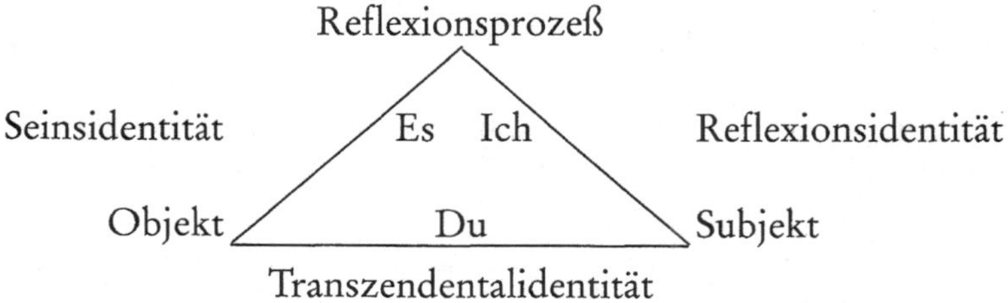

47 Ebd., Seite 38.
48 Ebd., Seite 41.

Ich- und Du-Subjekt treten einander *praktisch* gegenüber, als Handelnde. Du-Subjektivität ist dem erkennenden Subjekt ausschließlich als Willensäußerung erkennbar. Die ihr zugrundeliegenden innerpsychischen Prozesse der Kognition, Motivation und Entscheidungsfindung sind dem Ich nicht zugänglich. Das gleiche gilt aus der Sicht des Du. Beide stehen in einem Umtauschverhältnis zueinander. Entscheidend für die Positionierung ist die Perspektive, die der jeweilige Beobachter einnimmt, die Relation, in der beide, Beobachter und Handelnder, zueinander stehen. Dieses Wechselspiel ist für jedes Subjekt kennzeichnend. In der klassischen Sicht wird die Wahrheit durch das Sein definiert, welches von dem Subjekt kontemplativ aufgenommen wird. Auf der anderen Seite bleibt das Subjekt keineswegs stehen bei der Betrachtung der Welt, sondern handelt, ist Teil der Welt und verändert diese, schafft sich seine Wahrheit selbst.

In der klassischen Weise kann sich das Subjekt im objektiven Sein lediglich *spiegeln*, es kann sich dabei aber nicht als tätiges Subjekt erfahren, das Abbilder *produziert*. Der Prozeß der Abbildproduktion kann nicht in gleicher Weise beschrieben werden, wie objektiv gegebene Gegenstände. Dies würde gerade das Prozeßhafte auslöschen, würde nur Zustände beschreiben. Das Subjektive als Prozeß, als Handlung kann in der klassischen Logik nicht modelliert werden, das Subjekt erscheint stets als Pseudoobjekt. Hieraus resultiert die Unendlichkeit der Metaebenen, weil jeder Versuch, in einem weiteren Schritt dem Subjekt näher zu kommen, wieder in einer Verobjektivierung des Subjekts mündet, von der sich das Subjekt wiederum distanziert.

Günther sieht das Charakteristische der Subjektivität gerade darin, daß das Subjekt Entscheidungen trifft, handelt, in einer Weise, die für ein anderes Subjekt nicht berechenbar und durchschaubar ist. Der Denk- und Erkenntnisprozeß eines anderen Subjekts ist prinzipiell nicht sichtbar. Sichtbar ist nur das Produkt des Denkens und Entscheidens, die konkrete Handlung.

Während im klassischen Denken die Wahrheit ausschließlich im Sein gesucht wird, besteht das Wesen der Subjektivität gerade darin, das Sein zu verändern, es seinen Bedürfnissen anzupassen. Damit wird, erkenntnistheoretisch, das ganze Spektrum des Möglichen bedeutsam, das, was *nicht* ist, aber *werden* könnte. Dies wird durch aktuelle Strömungen des *radikalen Konstruktivismus* grundsätzlich thematisiert. Allerdings wird auch diese Position auf einer Metaebene formuliert, während der formale Apparat nach wie vor der klassischen Metaphysik verhaftet bleibt. Die Antwort Günthers lautet, es reiche nicht aus, das klassische Hierarchieverhältnis – das Sein bestimmt das Bewußtsein – umzukehren und nun idealistisch die Welt als Produkt des menschlichen Gehirns zu begreifen. Nach Günther besteht die Frage nicht darin, ob das Ich (Subjekt) erkennend dem objektiven Sein gegenübersteht *oder* aktiv das Sein gestaltet, es tut immer schon beides. Das Subjekt wird in eine Umwelt hineingeboren, von der es abhängig ist, deren Macht es sich fügt. Andererseits kann es innerhalb seiner Möglichkeiten Entscheidungen treffen, die Welt durch Handlungen verändern. Analysiert man diese beiden Situationen separat, so zeigen sich zwei entgegengesetzte Hierarchiebeziehungen.

Im ersten Fall sind die Umstände zwingend, das Subjekt wird in eine passive Position gedrängt, es wird von seinen Lebensbedingungen determiniert. Dies ist die klassische Position. Die Wahrheit liegt im Sein, sie kann nur besser oder schlechter erkannt werden.

Kognitive Situation

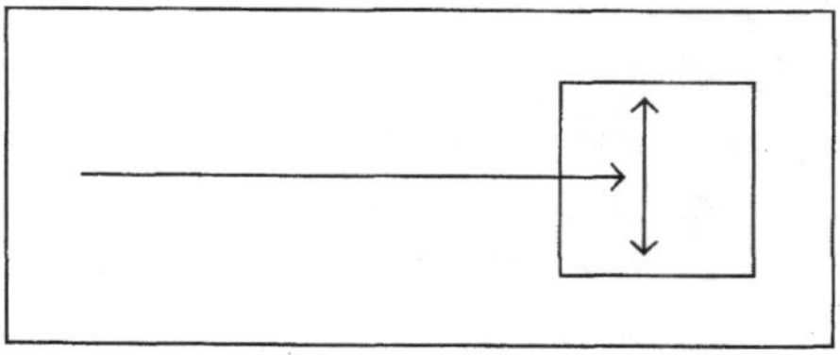

Tritt hingegen das Subjekt als handelndes auf, hat sich die Hierarchiebeziehung umgekehrt, das Subjekt verhält sich als Subjekt und macht sich seine Umwelt zum Objekt seiner Entscheidung, seines Handelns.

Willensentscheidung

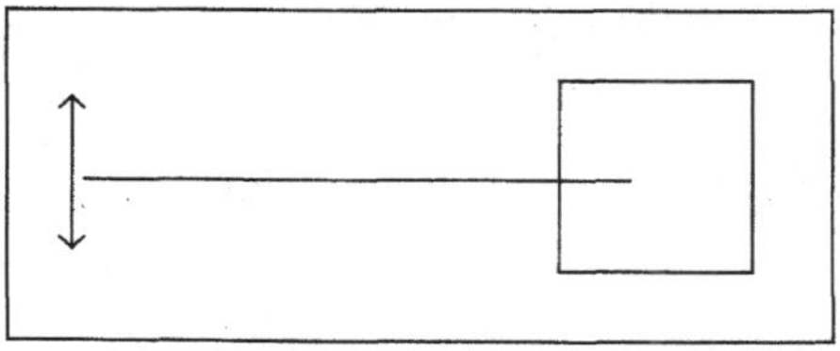

Es handelt sich also um zwei entgegengesetzte Ordnungsrelationen. Sie müssen dennoch miteinander vermittelbar sein, da es sich um dasselbe Subjekt handelt, das sich erkennend und handelnd zugleich verhält. Dies würde in der klassischen Logik zu einem Widerspruch führen, da Subjekt und Objekt nicht innerhalb der einen und einzigen Kontextur vertauscht werden können.

Um diesen Wechsel der Beziehungsformen eines Subjekts zu seiner Umwelt, einmal als durch die Umwelt bestimmtes Wesen in einer kognitiven Situation, einmal als handelndes, seine Umwelt bestimmendes Subjekt, zu beschreiben, entwickelte Günther die sogenannte *Proemialrelation*. In beiden Situationen, sowohl im kognitiven als auch im volitiven Akt, treten zwei Arten von Relationen auf: eine asymmetrische *Ordnungsrelation* und eine symmetrische *Umtauschrelation*. In der kognitiven Situation steht das Subjekt im Bann seiner Umwelt, die hierarchisch über dem Subjekt steht, sein Denken bestimmt. Gleichzeitig bestimmt eine Umtauschrelation (in der Graphik als Doppelpfeil symbolisiert) sein Denken: Position und Negation, »wahr« und »falsch« stehen dual zueinander; jeder Satz läßt sich auch als Negation formulieren »non-(non-A) ↔ A«, wobei die logischen Strukturen erhalten bleiben.

In der Handlungssituation wiederum steht das handelnde Subjekt über seiner Umwelt. Die Ordnungsrelation kehrt sich gerade um, während zwischen den Handlungsalternativen eine Umtauschrelation besteht. Das Umschlagen vom handelnden, aktiven Subjekt zum kognitiven, passiven Subjekt bzw. von formbarer zur formenden Umwelt regelt die Proemialrelation. Abstrakt gesprochen ist die Proemialrelation jene »Relation«, die den Zusammenhang zwischen Relator und Relata beliebiger Relationen allgemein regelt. Sie ist jene »Relation«, die Relationen regelt, also diesen vorausgeht (griech.: *prooimion* = Vorspiel); wir könnten keine Relationen aufstellen, falls wir nicht in der Lage wären, einen Relator (die Gesetzmäßigkeit, die die Tatsache etabliert, daß zwei Relata in Relation zueinander stehen) zwischen einem Relator im allgemeinen und individuellen Relata aufzustellen. Innerhalb der Proemialrelation kann ein Relatum zum Relator und ein Relator zum Relatum werden – das kennzeichnet sie als Umtauschrelation. Auf der anderen Seite ist diese Umtauschrelation nicht symmetrisch, sondern sie bewegt sich auf unterschiedlichen Ebenen. (Der Sohn eines Vaters kann auch Vater werden, aber natürlich nicht in bezug auf seinen eigenen Vater.)[49]

Strukturen, in denen Ordnungs- mit Umtauschrelationen proemial verbunden sind, tauchen in Günthers Werk immer wieder auf: Ein Beobachter, der ein Objekt beobachtet, wird durch einen zweiten Beobachter selbst zum (Beobachtungs-) Objekt. Oder: Zwei logische Kontexturen sind so miteinander vermittelt, daß der nicht-designierende logische Wert »falsch« der einen zum designierenden Wert »wahr« der anderen Kontextur wird. Für Günther ist also die Proemialrelation von zentraler Bedeutung; sie regelt das Zusammenspiel der Kontexturen einer polykontexturalen Logik und damit das Wechselspiel von Hierarchie und Heterarchie.

5. Ein Beispiel

An einem Beispiel sei illustriert, daß der Günthersche Ansatz geeignet ist, aktuelle Produktionskonzepte abzubilden. Üblicherweise wird in der industriellen Fertigung von einem zuvor definierten Produkt ausgegangen, das dann in der Reihenfolge der für seine Herstellung benötigten Arbeitsschritte erzeugt wird. Der Produktionsprozeß findet seinen Abschluß in einer Funktionsüberprüfung, die im nachhinein Konstruktionsplan und Produkt miteinander vergleicht. Dieser Vorstellung zufolge findet die Herstellung eines Produktes in getrennten Phasen statt: Der materiellen Erzeugung geht eine Simulation des Produkts zur Überprüfung des Funktionsplanes voraus. Nach Abschluß des Herstellungsprozesses wird das Produkt dann auf Fehler durchgesehen. Mit Hilfe der neuen Computertechnologie und aufgrund der zunehmenden Komplexität vieler Produkte ergibt sich in jüngster Zeit nun die Möglichkeit *und* die Notwendigkeit, die unterschiedlichen, bislang weitgehend linear hintereinandergeschalteten Produktionsphasen zeitgleich miteinander zu vernetzen, Verzwei-

49 Vgl. Gotthard Günther, *Beiträge zur Grundlegung einer operationsfähigen Dialektik*, Bd. 2, Hamburg 1979, Seite 203-240. Deutsche Übersetzung in: *Gotthard Günther und die Folgen*. Klagenfurter Beiträge zur Technikdiskussion, Heft 22 (1988).

gungspunkte und Schleifen ins Produktionsgeschehen einzubauen. Aus einem linearen, hierarchisch strukturierten Produktionsprozeß wird so ein parallel ablaufendes, sich gegenseitig beeinflussendes, heterarchisch gegliedertes Produktionsgeflecht. Planung, Herstellung und Funktionskontrolle sind auf mehrere gleichrangige Subsysteme verteilt, die untereinander vernetzt sind. Sie ergänzen einander, lassen sich aber nicht auf einen gemeinsamen Definitionszusammenhang reduzieren. Deshalb kann von einem vordefinierten Objekt im üblichen Sinn nicht mehr gesprochen werden. Vielmehr muß *Komplexität* jetzt als zentrale Eigenschaft des Objektes angesehen werden. Es wird von unterschiedlichen Teilsystemen aus entworfen und produziert. Das heißt, es ist nicht mehr Produkt eines von einem vorgängigen Konstruktionsplan bis ins letzte festgelegten, linearen Herstellungsprozesses, sondern wird in einem Netz parallel organisierter Abläufe, in der Regel an mehreren Orten, realisiert. Der unmittelbare Bezug zum materiellen Endprodukt verschiebt sich im Produktionsgeschehen in seiner Bedeutung zugunsten der Eigendynamik des Prozesses, der durch sich wechselseitig beeinflussende Impulse in Bewegung gehalten wird.

Das Objekt steht dabei im Schnittpunkt mehrerer Bestimmungsbereiche, deren Anzahl die Komplexität des Objekts festlegen. In jede Teildefinition des Objekts muß also der jeweilige Bereich miteinbezogen werden, wobei die Schnittstellen zwischen den Bereichen als Übergänge zu verstehen sind. Diese Übergänge bedeuten aber nicht einfach nur Weitergabe von Information, da hier zugleich Teildefinitionen und Entscheidungen in bezug auf weitere relevante Bereiche und Prozeßabläufe neu organisiert werden können. Der Übergang von einem Bereich zum anderen erzeugt einen »Transfer-Zusammenhang«, insofern die wechselseitigen Impulse nicht mehr die Gestalt von Information haben, »sondern von strukturellen Gestalten, die beim Bereichswechsel einen Bedeutungswechsel (Umdeutung), einen Strukturwechsel (Umschreibung), oder einen Funktionswechsel (Umfungierung) erfahren können.«[50]

50 Joseph Ditterich, Gerhard Helletsberger, Rudolf Matzka, »Organisatorische Vermittlung verteilter Systeme«, München 1985 (hektographiert), Seite 41.

Der Prozeß der Produktion und die Strukturierung desselben verschränken sich also ineinander, und die dem klassischen technischen Prozeß äußerlichen Positionen, die ihn in seinem Ablauf bestimmten, werden nun in einem komplexen Organisationsgesetz miteinander verschränkt. Dabei bestimmt sich die Komplexität des Netzes aus der Anzahl der Bereiche, die intern autonom, untereinander jedoch vermittelt sind. Ein Organisationskonzept, das dieser Entwicklung Rechnung tragen will, muß das klassische Verhältnis von Innen und Außen derart modifizieren, daß der dem technischen Prozeß vormals äußerliche Organisationsaufwand konstitutiv einbezogen wird. Mit anderen Worten: Der Begriff der Umgebung bzw. der Umwelt, eine zentrale Kategorie innerhalb der systemischen Produktionskonzepte[51], muß so komplex gefaßt werden, daß heterogene (Teil-) Prozesse aufeinander abgestimmt werden können.

Zwischen System und Umgebung gibt es je nach Komplexität eine vielseitige Relationalität, die von einem heterarchischem System realisiert wird. Obwohl auch in einem hierarchischen System unterschiedliche Standpunkte denkbar sind, müssen diese jedoch in ein Gefüge verschiedener Relevanzstufen geordnet werden, wodurch die auftretenden Impulse, die in den Produktionsprozeß einfließen, eher als Störung denn als Quelle von Kreativität interpretiert werden. Insofern können die strukturellen Voraussetzungen, die gegeben sein müssen, um mehrere Standpunkte als gleichrangige nebeneinander zu ordnen, in einem hierarchischen System nur unzureichend berücksichtigt werden. Im Gegensatz dazu kann in einem heterarchischen System, mittels Umdeutung, Umschreibung und Umfungierung, die Fixierung auf eine einmal gegebene Definition aufgelöst werden. Diese Möglichkeit, innerhalb des Konzeptes den Standpunkt zu wechseln, bedeutet zugleich, daß die Relationen zwischen gleichrangigen Systemen von einem jeweils anderen System aus betrachtet und beschrieben werden können. Nach klassischem Muster gibt es keinen zweiten gleichberechtigten Standpunkt. Das Oppositionspaar »System – Umgebung« ist gleichbedeutend mit »Innen – Außen«. Ein klassisch definiertes System kann die Dualität von »System – Umge-

51 Vgl. etwa Gilbert J. B. Probst, *Selbst-Organisation. Ordnungsprozesse in sozialen Systemen aus ganzheitlicher Sicht*, Berlin und Hamburg 1987, Seite 27ff.

bung« nicht als Ganzes verwerfen. Hierfür muß eine zusätzliche Operation eingeführt werden, die *Transjunktion.* Darin unterscheiden sich hierarchische und heterarchische Systeme: »Heterarchische Systeme sind dem Grad ihrer Komplexität entsprechend nicht bloß mit *einem* Negationsoperator ausgerüstet, sondern mit *mehreren.* Daher sind sie multinegationale Systeme, die in der Lage sind,

(a) eine vielseitige System-Umgebungs-Relationalität zu konstituieren und

(b) Umgebung nicht nur außerhalb des Systems, sondern auch innerhalb des Systems zu bilden.«[52]

Weiter oben, im Zusammenhang mit unseren Erörterungen über die Reflexionstätigkeit, trat diese Fähigkeit zur *Multinegationalität* als Möglichkeit des Systems auf, sich sowohl von seinen Denkgegenständen als auch von seinen Denkprozessen zu distanzieren, um auf diesem Weg nicht nur zur umgebenden Umwelt, sondern auch zu einer Umwelt »zweiten Grades« zu gelangen. Dies geschah, ebenso wie in dem hier vorliegenden Kontext, durch die Einführung einer neuen, einer nicht-klassischen Negation, die in ihrer doppelten Anwendung nicht mehr auf die Position der Ausgangsstufe zurückverweist. Dieser im Rahmen der Reflexionsanalyse als Vermittlung beschriebene Prozeß zeigt hier nun analog, daß die interne Organisation jedes Systems klassisch ist, wobei sich die Grenzen jedoch durch Vermittlung als überschreitbar erweisen. Das heißt, zwischen System und Umwelt gibt es sowohl einen Abbruch als auch die gleichzeitige Möglichkeit des Übergangs. Letzterer jedoch kann auf dem Boden der klassischen zweiwertigen Logik nicht bewerkstelligt werden. Ein solcher Übergang darf allerdings nicht mit Informationsaustausch verwechselt werden. Denn der Hinausgang von einem System in ein anderes generiert einen Bedeutungswechsel der Strukturen des Ausgangsbereichs im Sinn der oben angeführten Umdeutung, Umschreibung, Umfungierung. Die verschiedenen Bereiche als autonome Zentren zu verstehen, bedeutet zum einen, daß das gegenseitige Anerkennen ihrer jeweiligen Gleichberechtigung eine heterarchische Struktur voraussetzt, daß zum anderen aber mit der privaten Autonomie innerhalb eines Systems insofern eine Hierarchie angelegt ist, als sich die Autonomie eines Systems

52 Ditterich und andere, a.a.O., Seite 100.

als ein lokaler Bereich verstehen läßt, innerhalb dessen die klassische Logik weiterhin vollständige Gültigkeit besitzt, weil er intern strikt zweiwertig und hierarchisch strukturiert ist.

Der Transfer von Information und der gleichzeitig stattfindende strukturelle Bedeutungswechsel zwischen den Bereichen wird von einem Mechanismus vollzogen, der zwischen den gleichrangigen Systemen vermittelt. Um diesen Vermittlungsprozeß nachvollziehbar und beschreibbar zu machen, ist es notwendig, die Mechanik des Übergangs in einem Formalapparat darzustellen, denn nur so kann jenseits von Spekulationen ein technisches Artefakt entworfen werden, das den Anforderungen eines komplexen Produktionsprozesses entspricht. Folgender Graph zeigt das Grundkonzept der Bereiche sowie der Schnittstellen zwischen den gleichrangigen Systemen.

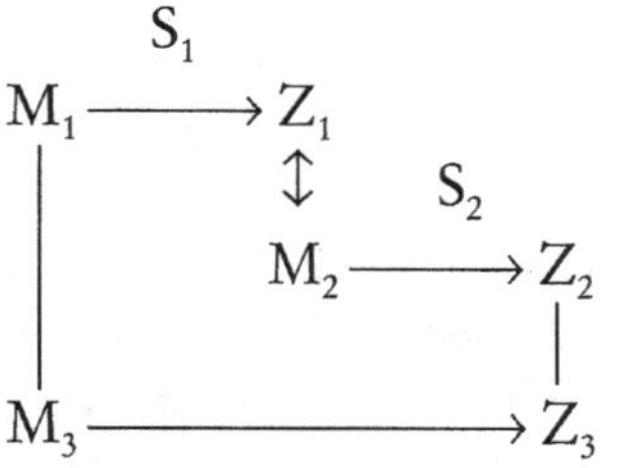

Z_i = Zweck
M_i = Mittel
S_i = System, i = 1, 2, 3
→ = Ordnungsrelation
↕ = Umtauschrelation
| = Kongruenzrelation

»Der Wechsel zwischen S_1 und S_2 ist definiert aufgrund der Systemverschiebung als Umtausch der Zustände zugleich mit dem Systemwechsel, was zum Beispiel heißt: Zweck für S_1 wird Mittel für S_2, und umgekehrt. In dieser Umtauschrelation ist ein wechselseitiger dynamischer Übergangsmodus gegeben. Nachdem beide Teilsysteme nicht in einem sukzessiven Koppelungsmodus einer Hierarchie stehen, kann jedes Teilsystem als aktives System autonom operieren, aber für den Transfer von Informationen muß der Umtausch der Bedeutungen mitgedacht bzw. realisiert sein. Die Transfers sind aufgrund der Verknüpfungsgraphen, wenn man sie explizit [...] formuliert, gerichtete Übergänge, wo beide Richtungen unterschiedliche Bedeutungszusammenhänge realisieren.«[53]

Somit wird an den Schnittstellen zweier Systeme, also im Be-

53 Ebd., Seite 89.

reich der Vermittlung von Heterarchie und Hierarchie, das Verhältnis von Ordnung und Umtausch bestimmt. Der Mechanismus, der zwischen beiden vermittelt, ist die *Proemialrelation*. Mit ihrer Hilfe wird die wechselseitige Umkehrung von Operator und Operand vollzogen. Sie ist gleichsam Vorspiel bzw. Rahmenbedingung zur Organisation verteilter Systeme. Dabei ist die Anzahl der zur Verfügung stehenden Systeme entscheidend für die Komplexität der entstehenden Struktur. Diese geht zwar von den klassischen Baumstrukturen aus, die innerhalb der Bereiche hierarchisch realisiert sind, da aber nun auch heterarchische Strukturen entstehen, gibt es neben den traditionellen Figuren auch die Möglichkeit des Kreises. Das heißt, es erschließt sich ein mehrliniges Konzept, in dem Selbstrückbezüglichkeit beschrieben werden kann. Dieses Konzept wird von zumindestens zwei gleichrangigen Systemen ermöglicht, die durch ein drittes vermittelt sind. Dabei ist das vermittelnde System ein Medium-System. Das dritte System stellt den Ort dar, an dem sich die verschiedenen Konstellationen der autonomen Systeme zeigen, womit sich das mediale System gewissermaßen als gemeinsamer Bezugspunkt auch als Kontrollsystem, relativ zu den direkt gekoppelten Teilsystemen, betrachten läßt. Das Besondere daran ist: »Dieses Kontrollsystem ist aufgrund seiner Struktur von den Teilsystemen selbst erzeugt, es ist kein von einem äußeren Standpunkt erzeugtes normatives Abbildungsmodell.«[54] Das heißt, die Systemganzheit verfügt über Eigenschaften, die Voraussetzung sind für Selbstkontrolle und Selbststeuerung. Hierfür muß das Verhältnis zwischen einem System und seiner Umwelt derart bestimmt sein, daß einerseits die strukturelle Differenz zwischen beiden aufrechterhalten bleibt, andererseits aber ein Transfer zwischen System und Umwelt möglich ist. Mit anderen Worten: Es sind jene Eigenschaften gefordert, die, im Rahmen polykontexturaler Verteilung und Vermittlung, zwischen System und Umwelt sowohl den Abbruch als auch die Möglichkeit des Überganges gewährleisten.

Das aber sind nun genau jene Eigenschaften, die für moderne Produktionskonzepte geradezu typisch sind. Der Günthersche Ansatz liefert einen methodologischen, begrifflichen und formalen Rahmen, um diese Charakteristika zeitgenössischer Produktionsprozesse in ihrer Struktur erfassen und abbilden zu können.

54 Ebd., S. 90.

Er kann damit zugleich einen Beitrag zur bewußteren Um- und Neugestaltung produktionstechnischer Organisationsformen leisten.

6. Das Projekt Gotthard Günthers
Ein Überblick

Lebensgeschichtlich nimmt die Argumentation Günthers ihren Ausgang nicht bei formalwissenschaftlichen Ideen, sondern bei Hegel. Dieser doppelte Bezug, einmal zur philosophischen, dann zur mathematischen Logik, erleichtert es nicht gerade, sich mit dem Theoriegebäude Gotthard Günthers vertraut zu machen. Ein weiteres erschwerendes Moment kommt hinzu. Sein Theoriegebäude ist begrifflich kein in sich geschlossener Entwurf. Es hat im Verlauf seiner Ausarbeitung Veränderungen, Ergänzungen, Weiterentwicklungen gegeben, die sich auch in einem Wandel der Terminologie, in einer Verschiebung der Interessenschwerpunkte und Bezugsgrößen niedergeschlagen haben. In der nachfolgenden Graphik[55] geben wir einen Überblick über die historische Entwicklung und die wachsende Komplexität des theoretischen Ansatzes und ordnen den jeweiligen Entwicklungsschritten die für sie charakteristische Begrifflichkeit zu.

In der Auseinandersetzung mit Hegel und in der Absicht, die Hegelsche Logik auf eine operationale Grundlage zu stellen, unterscheidet Günther zwei Reflexionsstufen: eine erste Reflexion, das Denken des Seins, und eine zweite Reflexion, das Denken des Denkens. Diese Doppelthematik des Denkens könne aber innerhalb einer zweiwertigen Logik nicht formalisiert werden. Denn – so Günther – Logik ist formalisierte Ontologie. Und eine zweiwertige Logik entspricht daher einer Ontologie, die nur zwischen Sein und Nichts unterscheidet, das heißt, sich auf die erste Reflexionsstufe beschränkt. Formal kann die klassische zweiwertige Logik die zweite Stufe der Reflexion gleichzeitig mit der ersten nie erfassen, dazu hat sie einfach zu wenig Wahrheitswerte. Am leichtesten läßt sich dies über die Möglichkeit der Negation einsehen.

55 Aus: Joseph Ditterich und Rudolf Kaehr, »Einübung in eine andere Lektüre. Diagramm einer Rekonstruktion der Güntherschen Theorie der Negativsprachen«, in: Hermann Krings u.a. (Hg.), *Philosophisches Jahrbuch* 1979, Seite 393.

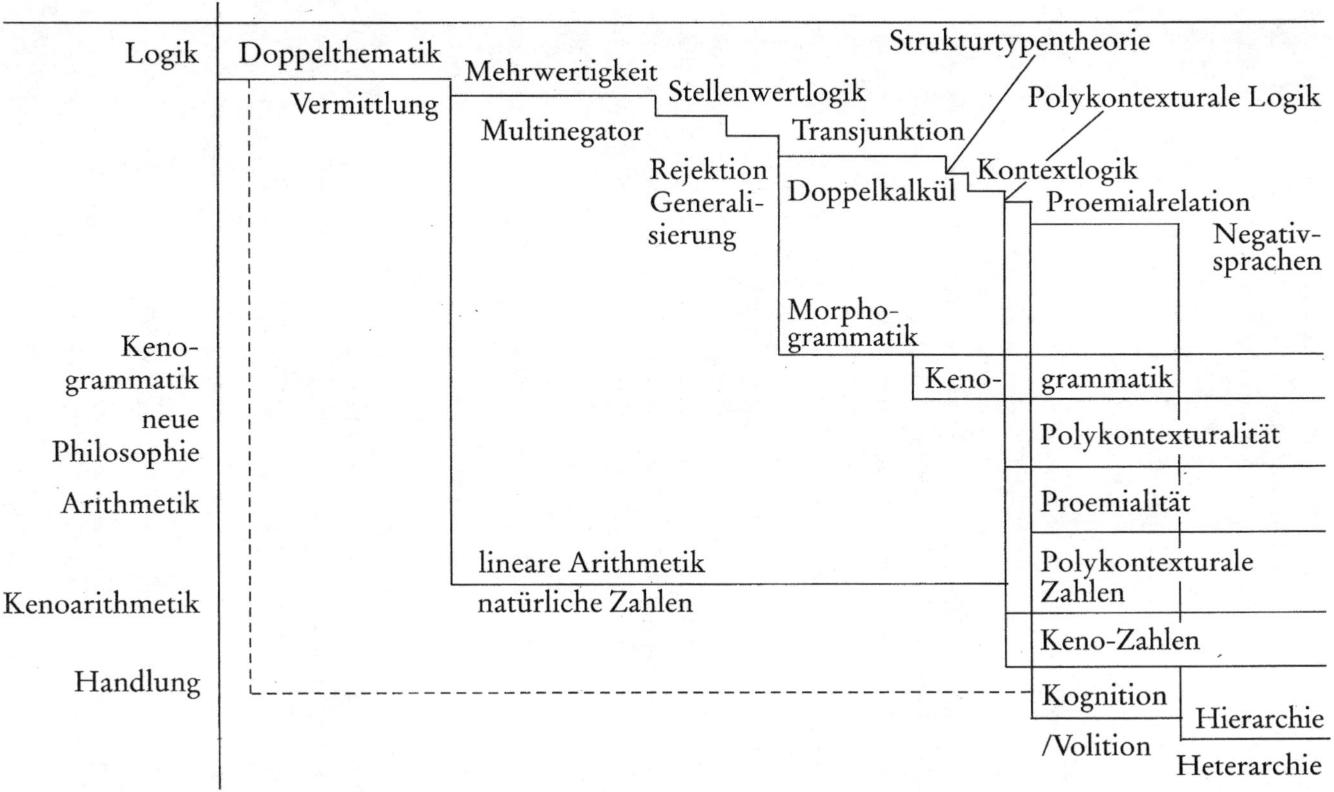
Logik
Keno-
grammatik
neue
Philosophie
Arithmetik
Kenoarithmetik
Handlung
Doppelthematik
Vermittlung
Mehrwertigkeit
Multinegator
Stellenwertlogik
Rejektion
Generali-
sierung
Transjunktion
Doppelkalkül
Morpho-
grammatik
Strukturtypentheorie
Polykontexturale Logik
Kontextlogik
Proemialrelation
Negativ-
sprachen
Keno-
grammatik
Polykontexturalität
Proemialität
lineare Arithmetik
natürliche Zahlen
Polykontexturale
Zahlen
Keno-Zahlen
Kognition
/Volition
Hierarchie
Heterarchie

Der klassische Fall läßt aus ontologischen, daher also auch aus formalen Gründen nur eine Negation zu. Benötigt werden aber nach Günther zumindest eine zweite Negation, eine Negation höherer Ordnung, die in der Lage ist, zwischen beiden Reflexionssystemen zu vermitteln. Diese Multinegativität führt unweigerlich zu einer mehrwertigen Logik und umgekehrt.

In der Entwicklung dieser Logik grenzt sich Günther von klassischen Theoretikern wie Łukasiewicz oder Post ab. Während diese zwischen den beiden klassischen Werten »wahr« und »falsch« lediglich Zwischenwerte einführen, entwirft er ein in sich verschachteltes System von mehreren klassischen Logiksystemen. So wird das Günthersche Modell einer dreiwertigen Logik bestimmt durch drei Werte, von denen je zwei wiederum ein klassisches, zweiwertiges Logiksystem bestimmen. Günther spricht von einer Stellenwertlogik, in der die Werte ähnlich den Ziffern in der Arithmetik an bestimmten Stellen verschiedenes bedeuten. Das heißt, jeder Stellenwert oder Ort, den das sich wiederholende zweiwertige Kalkül einnimmt, ist mit einer unterschiedlichen semantischen Bedeutung verknüpft. Aus drei Werten können je drei verschiedene Wertpaare ausgewählt werden (aus vier je sechs Paare). Eine drei- bzw. vierwertige Stellenwertlogik setzt sich also aus drei bzw. sechs zweiwertigen (klassischen) Logiken zusammen. Für jede dieser klassischen Logiken existiert ein dritter Wahrheitswert, der nicht in das Gefüge einer zweiwertigen Logik paßt. Man kann diesen dritten Wert etwa als Ausdruck der Rejektion deuten. Gleichzeitig erhöht dieser Wert die Ausdruckskraft der traditionellen zweistelligen logischen Operationen, der Junktoren. Neben den klassischen Junktoren (wie zum Beispiel »und«, »oder«, »wenn-dann« usw.), die nicht das entsprechende zweiwertige System überschreiten, gibt es auch grenzüberschreitende Operationen, sogenannte Transjunktionen.

Logiksysteme, die sich aus zweiwertigen Teilsystemen zusammensetzen, findet man auch in der sogenannten Kontextlogik. In dieser werden gleichzeitig mehrere klassische Logiken in verschiedenem Kontext betrachtet (zum Beispiel könnte man Aussagen geschlechtsspezifisch bewerten). Im Unterschied zum Ansatz Gotthard Günthers gibt es in diesem formalen Modell keine Möglichkeit, die unterschiedlichen Kontexte zu vermitteln; sie bleiben getrennt und repräsentieren unabhängige Subsysteme, die in keiner Interaktion miteinander stehen. Für gewisse Situationen mag die Kontextlogik geeignete Modelle liefern, in der Weiterführung der Güntherschen Ideen wird sie allerdings zum Spezialfall: Statt die Stellenwertlogik aus zweiwertigen Systemen zusammenzusetzen, lassen sich als Subsysteme auch Kontextlogiken zu einer komplexen transklassischen Einheit zusammenfassen.

Der nächste Abstraktionsschritt führte Günther zur Aufgabe des Wertprinzips. Er führt bedeutungsleere Symbolfolgen ein, sogenannte Morphogramme. Es geht also nicht mehr um bestimmte ontologisch interpretierbare Werte, sondern um Differenzen. Und damit greift Günther seine philosophischen Wurzeln bei Hegel auf: Sein und Nichts, Positivität und Negativität sind reflexionstheoretisch dasselbe. In der Morphogrammatik geht es um die von den ontologischen Wertdesignationen befreiten Symbole. Die Reihenfolge oder auch nur das Auftreten verschiedener Leerstellen strukturieren die (zweiwertigen) Operationen der transklassischen Logiken; die Morphogramme können durch Belegung mit positiven oder negativen Werten reinterpretiert werden und führen zurück zur Stellenwertlogik. Günther verallgemeinert die Morphogrammatik zur Kenogrammatik, in der beliebige Zeichenketten aus Leerstellen-Symbolen gebildet werden können. Dabei wird nur auf die Differenz zwischen den Symbolen geachtet (also ⋆ooo repräsentiert dieselbe Kette wie o⋆⋆⋆ oder +⋆⋆⋆). Je nachdem, ob man zwischen Wiederholungen bzw. Reihenfolge der Symbole differenziert, erhält man verschiedene Stufen der Kenogrammatik. Zusammenfassend läßt sich sagen: »Die Morphogrammatik ist die formale Theorie der Subjektivität, in der auch der letzte Objektivitätscharakter des Bewußtseins, resp. der Reflexion aufgehoben ist ...«[56]

Die konsequente Verfolgung der Wertfreiheit transklassischer Logiksysteme führt zur sogenannten polykontexturalen Logik. Ort und Wert werden aufgelöst in kenogrammatische Leerzeichen – »Struktur pur«. Die Vermittlung und Trennung dieser Systeme in klassische Subsysteme wird durch die Proemialrelation gesteuert, einer Mischung aus Vermittlungs-und Ordnungsrelation. Gleich einem flexiblen Gewebe wird die Universalität des klassischen Logikkalküls aufgelöst in ein »Polyversum« von Kontexturen, jede für sich ein klassisches Logikuniversum repräsentierend. Die Proemialrelation ist für Gotthard Günther von zentraler Be-

56 Ebd., Seite 391.

deutung. In fast sämtlichen Untersuchungen Günthers treten Ordnungsrelationen auf, die gleichzeitig aufrechterhalten und gebrochen werden sollen. Die Proemialrelation regelt diese Prozesse, sie gibt eine Beschreibung des Wechsels zwischen Operator und Operand (etwa bei Kontexturübergängen).

Gotthard Günther führte den Formalisierungsprozeß für die polykontexturale Logik nicht zu Ende. 1968/69 widmete er sich dem Problem einer dialektischen Theorie der Zahlen. Über einen logizistischen Ansatz im Sinne der polykontexturalen Logik könne man eine »polykontexturale Arithmetik« aufbauen. Komplementär dazu versuchte er, mit Hilfe der Kenogrammatik die Arithmetik zur Keno-Arithmetik zu dialektisieren. Die Idee, die dem zugrunde liegt, besteht in einer Differenzierung des Zahlbegriffs. Zahlen sind für Günther mehrdeutig. So läßt sich die Zahl »2« kenogrammatisch darstellen als ⋆⋆ (Iteration) oder als ⋆o (Akkretion), für die Zahl »3« gibt es bereits fünf Darstellungen, nämlich ⋆⋆⋆, ⋆⋆o, ⋆o⋆, ⋆oo und ⋆o+, für die »4« erhält man bereits fünfzehn Darstellungen usw. Somit läßt sich nach Günther eine Arithmetik kreieren, in der die Universalität des Dinges, der Sache aufgehoben ist zugunsten einer differenzierten Auffassung von dem, was eigentlich gezählt wird. Zahlen besitzen demnach eine innere Struktur, die sich einer streng hierarchischen Ordnung widersetzt.

Wendet man die kenogrammatische Arithmetik auf die Stellenwertlogik an, so läßt sich eine Vielheit gleichwertiger Stellenwertlogiken erzeugen, die zusammen eine polykontexturale Logik ergeben, die das Verhältnis des Einen und des Vielen, des Gleichen und des Verschiedenen regelt.[57]

Das Projekt der Negativsprache wurzelt im Problem des Zusammenspiels zwischen Formal- und Umgangssprache. Günthers Vermutung ist, daß bei entsprechender polykontexturaler Formalisierung die begriffliche Überbestimmung der Umgangssprache in die Formalsprache übertragen werden kann. Damit wird diese zur Negativsprache, ermöglicht zum Beispiel Multinegativität. Mit diesem Konzept schlägt Günther eine Deutung logisch-arithmetischer Systeme vor, die nicht mehr allein als Denktheorien, sondern als komplementäre Denk- *und* Handlungstheorien zu fassen sind (Kognition und Volition). Insofern es sich bei ihnen

57 Vgl. ebd., Seite 406.

nicht mehr um eine Sprache handelt, die in dem uns vertrauten Sinn Erkenntnisse vermittelt, die sich auf ein vorgegebenes Sein beziehen, sondern um einen Codex für Handlungsvollzüge, gleichsam einen transklassischen Algorithmus, insofern begeben wir uns endgültig auf das Gebiet der Technik.

III. Günther im Kontext

1. Einleitung

Die Philosophie Gotthard Günthers steht in einem Kontext mit anderen philosophischen und logischen Arbeiten. Diese Arbeiten bilden zum Teil einen expliziten Bezugspunkt seiner Theorieentwicklung, zu einem anderen Teil können sie als Kommentare zur Güntherschen Philosophie gelesen werden, die einen Zugang zu seinem Projekt erleichtern. Bei all diesen Arbeiten geht es im Prinzip um die Auflösung einer Denkform, die in ihren Kategorien und in ihrer Logik von einer einzigen objektiven Welt, einer einzigen und objektiven Wahrheit ausgeht.

Im Güntherschen Ansatz der Polykontexturalität reflektiert sich der Zerfall der für das abendländische Denken zentral gewordenen erkenntnistheoretischen Figur des absoluten Subjekts. Günther kennt kein absolutes Subjekt mehr, etwa im Sinne des Kantschen Transzendentalsubjekts, sondern nur noch eine Vielheit logisch gleichberechtigter Subjekte. In diesem Zerfall spiegeln sich, so unsere These, gesellschaftliche Umbrüche im Lebenszusammenhang der Menschen auf dieser Welt, ein Vorgang, der nicht nur von Gotthard Günther wahrgenommen wurde, aber von ihm, und darin besteht sein Verdienst, in seinen Konsequenzen für das formale, traditionell zweiwertige Denken des Abendlandes und weiter für die zukünftige Konstruktion »intelligenter« Maschinen untersucht wurde. Gotthard Günther steht an der Schnittstelle klassischen Philosophierens, also substanzwissenschaftlichen Denkens einerseits und formallogischen Argumentierens andererseits. Die sozialen Umbrüche, die sich in den formallogischen Konstruktionen Gotthard Günthers und seiner Technikphilosophie reflektieren, finden zur gleichen Zeit einen Niederschlag in anderen Disziplinen, in unterschiedlichen Diskursen und bei anderen Denkern.

Auf Basis einer biologischen Epistemologie formuliert Humberto Maturana, daß kein historisches Subjekt, keine Erkenntnisform Priorität beanspruchen könne vor anderen hinsichtlich der Wahrheiten, die sie konstruiert. Es könne lediglich von unterschiedlichen Relevanzbereichen gesprochen werden (vgl. Abschnitt 5). Dem entspricht in philosophischer Diktion die »Dekonstruktion des Logozentrismus«, die Aufgabe des Absolutheitsanspruchs eines Erkenntnis- und Wahrheitsmonopols bei Jacques Derrida (vgl. Abschnitt 4).

Ähnlich argumentiert, aus soziologischer Perspektive, Niklas Luhmann: Es gebe keine gesellschaftliche Instanz mehr, die das in Subsysteme zerfallende Systemganze zu steuern in der Lage und legitimiert wäre. Das führe zu Selbstläufen in der Entwicklung und unabsehbaren Risiken (Ulrich Beck). Politisch knüpft sich hieran neuerdings (wieder) die Forderung nach Aufhebung des (Universal-) Staates zugunsten vieler »Spartenstaaten« (Burkhard Wehner; vgl. Abschnitt 6).

Die Ausgangsfrage kann anhand von David Hume und Immanuel Kant noch einmal präzisiert werden. Wie kann es überhaupt zu einer Form des Denkens kommen, die unabhängig von gesellschaftlichen Standorten und unabhängig von den Interessen der einzelnen (empirischen) Erkenntnissubjekte Allgemeinheit und Denknotwendigkeit beansprucht? Kant verlegt die Lösung der Frage in die erkenntnistheoretische Figur eines Transzendentalsubjekts (vgl. Abschnitt 7).

Norbert Elias bezeichnet die erkenntnistheoretische Figur des Kantschen Transzendentalsubjekts als eine Sackgasse, aus der es keinen Ausweg gibt, es sei denn, man verläßt den Weg philosophischer Spekulation (vgl. Abschnitt 8).

Zwei solche substanzwissenschaftliche Wege zur Auflösung des Kantschen Transzendentalsubjekts sind, wenngleich mit unterschiedlichen Intentionen, beschritten worden: ein kognitionspsychologischer von Jean Piaget und ein sozialisationstheoretischer von George Herbert Mead (vgl. Abschnitt 8). Beide veranschaulichen die Bedeutung des Problems empirisch, eine Lösung der Kantschen Fragestellung aber stellen sie nicht dar, weil die Individualgenese empirischer Subjekte die abstrakte erkenntnistheoretische Ebene des Kantschen Transzendentalsubjekts prinzipiell nicht erreicht.

Einen wesentlichen Schritt weiter geht Alfred Sohn-Rethel. Er verlegt die Genese des Transzendentalsubjekts in eine historisch eng umgrenzte Form gesellschaftlichen Seins, in die Warengesellschaft (vgl. Abschnitt 9).

Der technik- bzw. geschichtsphilosophische Strang in der Argumentation Gotthard Günthers, die ontologische Begründung seiner mehrwertigen Logik, findet seine Entsprechung bzw. seinen Vorläufer in der Technik- bzw. Geschichtsphilosophie Oswald Spenglers und Martin Heideggers. Spenglers »faustische« Technik, die klassisch-mechanische Maschine, bedeutet bei Günther aber nicht den Endpunkt abendländischer Naturbeherrschung und Zivilisation, sondern die Voraussetzung der nun folgenden neuen Technologie, der »transklassischen« Maschine (vgl. Abschnitt 2).

Ähnlich führt er Heideggers Ansatz fort: Dessen Pessimismus wendet er ins Konstruktive, überführt ihn in das Konzept einer Negativsprache, eine Sprache, die sich nicht auf ein vorgegebenes Sein beschränkt und deshalb von höherer logischer Mächtigkeit ist als jede Positivsprache (vgl. Abschnitt 3).

Wenn die Denkformen und -kategorien des reinen Verstandes dem zeitgenössischen Menschen nicht mehr als Naturform des Denkens erscheinen, also nicht mehr von raum- und zeitloser Gültigkeit, dann stellt sich die Frage, welche historischen Veränderungen durch die Projekte Gotthard Günthers und Alfred Sohn-Rethels repräsentiert werden. Der eine entwickelt alternative Formen des reinen Denkens, der andere stellt die naturgegebene Gültigkeit des reinen Denkens in Frage. Eine Erklärungsmöglichkeit wäre, daß die sie tragende Gesellschaftsformation selbst, die Warengesellschaft, zu ihrem Ende gekommen ist (vgl. Abschnitt 9).

Eine kritische Analyse der bisherigen Forschungen zur Künstlichen Intelligenz offenbart zwei zentrale Probleme, die auch durch den Konnektionismus bisher nicht gelöst werden konnten: Dem Problem der *Selbstbezüglichkeit* liegt der Absolutheitsanspruch einer einzigen möglichen richtigen Sichtweise der Welt zugrunde. Dem Ziel, Selbstbezüglichkeiten antinomiefrei abbilden zu können, widmet sich die Polykontexturalitätstheorie. Das Günthersche Konzept der Kenogrammatik ist der Versuch, das zweite Grundproblem der KI, das der *Wertgebundenheit der logischen Kalküle*, durch den Kalkül der »Kenogrammatik« aufzulösen, der die Genese der Repräsentation darzustellen vermag (vgl. Abschnitt 10).

2. Stufen der Objektivierung des Geistes (Oswald Spengler)

In seiner Vision vom Untergang des Abendlandes deutet Oswald Spengler[58] Geschichte als Auflehnung des Menschen gegen die Natur. Dabei unterscheidet er zwei Entwicklungsstufen. Die erste, die primitive oder auch archaische Kultur ist ihm im wesentlichen Naturgeschichte. In ihr erschöpft sich die Bedeutung des Menschseins weitgehend im Biologischen; sie ist kaum mehr als natürliches Dasein. Hiervon hebt er die eigentliche Weltgeschichte als zweite Stufe ab. Sie besteht aus einer beschränkten Anzahl zeitlich und räumlich voneinander abgrenzbarer Hochkulturen. Sie erst machen die eigentliche Kulturgeschichte des Menschen aus. Als letzte Form dieser zweiten Stufe tritt die »faustische« Kultur des Abendlandes auf. Sie setzt sich weltweit durch. In ihrem Zentrum steht die Technik. In der Gestalt des Ingenieurs findet sie ihren symbolischen Ausdruck. Allerdings, so Spengler, neige sich mit ihrem Abschluß die Zeit der Hochkulturen ihrem Ende zu. Mit der vollständigen Emanzipation des Menschen von der Natur, personifiziert in der Gestalt des Technikers, seien alle Möglichkeiten eines sinnvollen Daseins erschöpft. Es gebe keinen Impetus für eine fortschreitende, stabile Dauerentwicklung mehr.

Zunächst einmal, sagt Gotthard Günther[59], muß Spengler darin ernst genommen werden, daß ein evolutionärer Bruch stattgefunden habe, eine Zäsur, die Spengler als Differenz zwischen universaler primitiver Kultur und den regionalen Hochkulturen beschreibt. Mit ihnen sei die historische, wenngleich primitive Einheit des Menschseins verloren gegangen. Nun aber, am Ende der Hochkulturen, zeichne sich eine neue Einheit ab, die Weltgesellschaft. Und im Gegensatz zu Spengler müsse gezeigt werden, daß die metaphysische Auseinandersetzung des Menschen mit der Natur noch nicht zu ihrem Ende gekommen ist. Ihr Medium und Motor ist die Technik, aber es ist nicht mehr die »faustische« Technik, die klassisch-mechanische Maschine, die Spengler noch im Sinn hatte, sondern eine neue Form der Technik, eine »intelli-

58 Oswald Spengler, *Der Untergang des Abendlandes. Umrisse einer Morphologie der Weltgeschichte*, München 1972.

59 Vgl. Gotthard Günther, *Beiträge zur Grundlegung einer operationsfähigen Dialektik*, Bd. 3, Hamburg 1980, Seite 211 ff.

gentere«, die für Gotthard Günther durch die »transklassische« Maschine gekennzeichnet ist. Sie, nicht das Zurücksinken in einen geschichtslosen Zustand, charakterisiere die zweite von Spengler benannte Zäsur. Dementsprechend müssen nun drei welthistorische Entwicklungsstufen des Menschseins unterschieden werden. Gotthard Günther spricht von Entwicklungsstufen menschlichen (Bewußt-) Seins.

Das primitive oder archaische (Bewußt-) Sein geht, so lautet die Argumentation, vollständig in seiner Außenwelt auf. Aufgehoben in einer mystischen Einheit von Selbst und Umwelt, kann es seine Wesensbestimmungen nur insoweit verstehen, als sie sich ihm direkt aus der objektiven Gegenstandswelt ins Bewußtsein zurückspiegeln. Seine eigenen seelischen Bestimmungen erscheinen ihm deshalb als Götter, Geister und Gespenster. Magie und Animismus, Totem und Tabu sind die entsprechenden sozialpsychologischen Korrelate. Günther bezeichnet diese Existenzform menschlichen (Bewußt-) Seins als Geschichte erster Stufe bzw. als einwertige Bewußtseinsform.

Folgt man dieser Argumentation weiterhin, so vollzieht sich der Übergang zur Geschichte zweiter Ordnung bzw. zur zweiwertigen (Bewußt-) Seinsform in den regionalen Hochkulturen durch Ablösung des Menschen von seiner Umwelt, durch die Trennung von Subjekt und Objekt. Der Mensch erfährt sich gegenüber seiner Umwelt als das absolut Verschiedene, als totale Negation der in die unermeßliche Vielfalt der Objekte aufgebrochenen Umwelt. Und zugleich entfaltet er eine über alle Maßen besitzergreifende, gestaltende und instrumentelle Beziehung zu ihr. Diese Form der Beziehung ist charakteristisch für alle regionalen Hochkulturen. Hierin stimmen sie *strukturell* überein, und hierin grenzen sie sich gemeinsam von der Stufe des archaischen (Bewußt-) Seins ab. Worin sie sich aber voneinander unterscheiden, ist die *inhaltliche* Ausgestaltung und Begründung dieser Ablösung. Hier geht die faustisch-abendländische Kultur einen Sonderweg.

Während alle anderen Hochkulturen in ihren Objektivationsbemühungen im Bereich *inhaltlich* gebundener Subjektivität verharren und die inhaltlichen Substrate ihrer Kultur in die Umwelt projizieren, ihr in symbolischer oder institutioneller Form, sei es in der Religion, in der Kunst oder im Alltag, Geltung verschaffen, vollzieht sich in der faustisch-abendländischen Kultur der radikalste Projektionsschritt: die Übertragung des reinen, des *inhaltsleeren Handlungsschemas* des tätigen Menschen in die physische Wirklichkeit. Das ist die Geburt der Maschine. Im objektiven Ereignis der Maschinentätigkeit manifestiert sich das subjektive Erlebnis des Ingenieurs, der sie ersinnt. In unüberbietbarer Weise, ohne Ansehen von Lokalkolorit und Tradition, bringt die Maschine die *differentia specifica* der zweiwertigen Bewußtseinsform zum Ausdruck. In der Maschine verkörpert sich das innere Antriebsstreben aller Hochkulturen, die archaische Kultur dadurch zu überwinden, daß sie von der Idee der ontologischen Einwertigkeit zum Zweiwertigkeitsprinzip übergehen. In ihr manifestiert sich am überzeugendsten die Trennung von Subjekt und Objekt. Und hierin sieht Gotthard Günther zugleich den ontologischen Grund dafür, daß sich die abendländische Technik weltweit durchsetzen konnte: In ihr erkennt jede Hochkultur ihre je eigene metaphysische Antriebskraft wieder, durch die sie sich von der Frühzeit abgelöst hat, eine Kraft, die die einzelnen Kulturkreise trotz aller sonstigen Unterschiede miteinander verbindet. Deshalb auch, und weil die Maschine seelenlos und indifferent gegenüber dem historischen Apriori einer jeden Hochkultur ist, kann sie auf allen Kontinenten des Erdballs, sei es in Japan, im Iran oder anderswo, sich durchsetzen. Und in der Tat finden sich heute die »großen Theorien« nicht mehr in inhaltlich formulierten Gedankengebäuden, wie in der traditionellen Philosophie, in Religionen usw., sondern in »leeren« Handlungsschemata, in formalen Kalkülen, materialisiert in Technologie. Die verlorene Einheit der Weltgeschichte wird auf dem Weg über die Maschine zurückgewonnen. Ihren Anforderungen gegenüber muß ein jeder sich gleich verhalten. Es ist die Technologie, die die Welt zusammenhält.

War bislang von der Maschine die Rede, so war die klassisch-mechanische Maschine gemeint, und die Trennung von Subjekt und Objekt war zugleich eine Trennung von Seele und Ding, eine Absonderung des Toten und Seelenlosen von Geist und Bewußtsein. Mit diesem Resümee leitet Günther zugleich seine Kritik an Spengler ein. Die Natur, von der sich der Mensch ablöste, war Dingwelt, umfaßte lediglich deren unbelebte, geist- und seelenlose Objektdimension. Neben die Geschichte des reflexionslosen Weltverständnisses der zweiwertigen (Bewußt-) Seinsform aber muß treten, so Gotthard Günther, eine komplementäre Geschichte des Verständnisses selbstreflexiver Prozesse der mehrwertigen (Bewußt-) Seinsform. Hierfür sei es notwendig, die Kategorie des (absoluten) Subjekts in die Kategorie der über den Bereich des Ich (subjektives Subjekt) und des Du (objektives Subjekt) verteilten Subjektivität aufzulösen. Durch die Auflösung der philosophischen Denkfigur des absoluten Subjekts könne von nun an nicht mehr schlechthin von einer einfachen Subjekt-Objekt-Relation gesprochen werden, sondern es müsse präziser von mehreren möglichen Beziehungen zwischen verschiedenen Arten von Subjekten und dem Objekt gesprochen werden. Die formale Abbildung dieser Beziehungsstruktur und ihre Implementierung auf einer Maschine erfordert allerdings eine Logik höherer Ordnung als die der zweiwertigen, die formal nur dem Unterschied zwischen (absolutem) Subjekt und Objekt Rechnung trägt.

Die Theorie der klassisch-mechanischen Maschine, die Maschinentheorie zu Zeiten Spenglers basierte auf einem Wissen vom toten, reflexionslosen Objekt. Die Konstruktion der transklassischen Maschine, in ersten Ansätzen des Computers, schließt Aspekte ein, die bislang dem Bereich des Subjektiven zugesprochen wurden. Es geht dabei nicht um jenen Bereich des Denkens, der Ausdruck des je individuellen Ichs der menschlichen Subjektivität ist, dessen Privatheit als höchste Ausprägung des Besonderen gilt, sondern um das Allgemeine, das Objektivierbare im Denken. Daß dieses Problem als technologisches zur Disposition steht, charakterisiert für Gotthard Günther die zweite Spenglersche Zäsur. Sie leitet über zur Geschichte dritter Ordnung bzw. zur mehrwertigen (Bewußt-) Seinsform.

Die Entwicklung der transklassischen Maschine zeigt, so Gotthard Günther, daß das »tote« Objekt, der Mechanismus, fähig ist, Funktionen und Aufgaben zu erfüllen, die bislang dem mit Geist versehenen Subjekt vorbehalten schienen. Mit dem Computer entsteht eine Maschine, die über die Möglichkeiten der klassisch-mechanischen Maschine hinaus in der Lage ist, nicht bloß die Auflehnung gegen die Dingwelt zu vollziehen, sondern, wie Günther formuliert, die Emanzipation des Subjekts von einem überlieferten, falsch verstandenen Subjektivitätsbegriff einzuleiten. Bereiche, die bislang als subjektiv-spezifisch und -konstitutiv erachtet wurden, werden aufgrund der Leistungsfähigkeit der transklassischen Maschine zu großen Teilen zu objektiven Eigenschaften der Umwelt. Der Prozeß dieser Korrektur, so ergänzt Günther, sei die zentrale Aufgabe der nächsten Epoche der Weltgeschichte. Der Computer stelle das Mittel dar, mit dem diese Aufgabe, die Trennlinie zwischen Subjektivität und Objektwelt zu verschieben, in Angriff zu nehmen sei. Aus der Beobachtung dessen, was der Computer tut, wenn er jene Leistungen vollbringt, die aus dem Bereich des Subjekts in den des Objektiven überführt werden, ergeben sich zugleich Rückschlüsse auf jene Kompetenzen, die nach wie vor im Subjekt verbleiben. Der Computer wird so zugleich zum Medium der Selbsterkenntnis.

Folgt man weiterhin der Argumentation Günthers, so löst sich das absolute Subjekt, die klassische Denkfigur der Philosophie, auf in zwei Komponenten, in ein *subjektives* und ein *objektives* Subjekt. Denk- und Verhaltensroutinen des objektiven Subjekts lassen sich auf Maschinen implementieren. Der Zusammenhang gesellschaftlicher Subsysteme, ihre Integration, kann durch Informations- und Kommunikationstechnologien vermittelt werden, ein Vorgang, der sich auf der Ebene des objektiven Subjekts abspielt. Das Denken und Verhalten des subjektiven Subjekts hingegen zerfällt in postmoderne Unübersichtlichkeit. Individuelle und kulturelle Beliebigkeit nehmen zu, allerdings auf der Basis einer Technologie, die die Vernetzung gesellschaftlicher Subsysteme weltweit sicherstellt. Sie ist die Manifestation der letzten »großen Theorie«; ihre »Wahrheit« stellt sich nicht kontemplativ, sondern als Konstruktionsprozeß her. Sie ist zugleich das trojanische Pferd des Eurozentrismus zur Durchsetzung der Weltgesellschaft. Technologische Formation und postmoderne Unübersichtlichkeit sind zwei Seiten derselben Medaille. Die verlorengegangene Einheit der Menschheit stellt sich nicht im Bereich des Subjektiven wieder her, sondern sie setzt sich vermittelt über Technologie durch. Wie der Mensch die klassische Technik zur Kompensation physischer Unzulänglichkeiten ergriffen hat, so wird er, entsprechend einer Vision Gotthard Günthers, die Computertechnologie entwickeln, um sich im kognitiven Bereich von Routinen zu entlasten. Sie eröffnet ihm Handlungs- und Gestaltungsmöglichkeiten in einer Zukunft, die prinzipiell nicht voraussagbar ist. Ihre Gestaltung hängt ab vom Willen der Menschen, von jenem Bereich der Subjektivität, den Gotthard Günther als subjektiven bezeichnet und der nicht auf einer Maschine implementierbar ist. Er ist die Basis einer zunehmend weltweit sich vernetzenden Kommunikationsgesellschaft und sollte ihre weitere Entwicklung bestimmen. Den Abspaltungs- und Implementierungsprozeß objektiver Subjektanteile auf die Maschine für das Ende der Metaphysik zu halten oder für den Untergang des Subjekts schlechthin, darin besteht nach Gotthard Günther der Irrtum eines naiven Humanismus, der nicht wisse, wovon er redet.

3. Technologie als Vollendung der Metaphysik (Martin Heidegger)

Logik geht in Technik über, in eine Technik, die, obwohl erst in der letzten Hochkultur entstanden, transkulturell ist. Für Gotthard Günther ist dieser Prozeß Teil eines anthropologischen Konstanten folgenden Transfers von Subjektivität in Objektivität (Technik), eines Transfers, der darauf abzielt, aus der Instabilität und Gefährdung menschlicher Existenz in gesicherte Formen menschlicher Existenz überzugehen. Vollzog sich die Überführung des subjektiven Geistes in den objektiven Geist bislang mangels technischer Möglichkeiten vor allem durch Versteinerung sozialer Figurationen, durch Bildung von Institutionen (Kirche, Staat, Kunst etc.), so wird gegen Ende der Geschichte zweiter Ordnung mit der Vervollkommnung technischer Möglichkeiten die Technologie selbst in diesen Entwicklungsprozeß einbezogen. In dem Maße, wie Technologie zum Träger bislang subjektgebundener Leistungen wird, in dem Maße verschiebt sich auch die Grenzlinie zwischen dem Ich und der Welt immer tiefer in die Hintergründe der Subjektivität hinein, und immer mehr von dem, was aus jenen Hintergründen auftaucht, kann der technologischen Bearbeitung überantwortet werden. Dieser Prozeß nun wird von Gotthard Günther durchaus positiv gesehen als notwendige Voraussetzung fortschreitender Selbsterkenntnis des Menschen, als ein Vorgang, der keineswegs eine Verarmung des subjektiven Geistes zur Folge hat. Im Gegenteil: Je mehr das Ich an Routinen in die Maschine verbannt, desto reicher kann es an reflexiven Einsichten in sich selbst werden.

Weniger optimistisch und weniger anthropologisierend liest sich diese Entwicklung bei Martin Heidegger.[60] Doch beide, so-

60 Martin Heidegger, *Die Technik und die Kehre*, Pfullingen 1962; ders., *Vorträge und Aufsätze*, Pfullingen 1954; ders., »Nur noch ein Gott kann uns retten«. *Spiegel*-Gespräch vom 23. 9. 1966, in: *Der Spiegel*, Heft 23/1978.

wohl Günther als auch Heidegger, stimmen darin überein, daß die überlieferte Metaphysik keine Möglichkeit mehr biete, die Grundzüge des beginnenden technologischen Weltalters denkend zu erfahren. Die praktischen Erfolge von Technik und Wissenschaft lassen ein bloß kontemplatives Denken heute mehr und mehr ins Leere laufen. Weil der Mensch gestellt, beansprucht und herausgefordert ist von einer Macht, die im Wesen der Technik sich offenbart, kann es keinen Weg zu einer zukünftigen Weltgeschichte geben, es sei denn über die Brücke der Technik. Die letzte Frage, die die klassische Metaphysik noch stellen kann, ist die Frage nach dem Wesen der Technik. Mehr sei nicht zu verlangen, und mit ihr, so Gotthard Günther, komme sie zu ihrem Ende.[61]

Zur Grundstruktur des Menschseins gehört, daß der Mensch über ein Seinsverständnis verfügt, ein Verständnis, das Heidegger aber nicht anthropologisch in den Verstand und in die Vernunft verlegt. Der Mensch gilt ihm in seinem Wesen gerade nicht als »animal rationale«, sondern als Existenz, die im Sein gründet. Durch sie, in ihrer Gesamtheit, erfaßt er seine Umwelt. Was aus ihm wird, darin besteht die Sorge seiner ganzen Existenz. Der Mensch ist ein geschichtliches Wesen. Die Vergangenheit, das, was er immer schon gewesen ist, in die er geworfen wird, bestimmt, was er in Zukunft werden kann. Sie muß er sich erschließen durch Besorgen des Notwendigen in der Gegenwart.

Zeitlichkeit ist bei Heidegger die Grundstruktur des Daseins als Sorge. Das heißt, in Heideggers Worten, die Geworfenheit, das, was das Dasein immer schon gewesen ist, seine *Vergangenheit*, bildet die Grundlage, aus dem es sich daraufhin entwirft, was es in *Zukunft* werden will. Die Sorge als geworfener Entwurf benötigt und umfaßt ferner das Besorgen des Notwendigen zur Verwirklichung in der *Gegenwart*. Das Aufgehen im täglichen Besorgen nennt Heidegger Verfallensein. Alle drei Seinsstrukturen bilden in ihrem gegenseitigen Bezug aufeinander eine Einheit. Sie sind gleichzeitig. Die Existenz des Daseins zeitigt sich aus dem Entwurf in die Zukunft. Es hat seine Wurzeln in der Vergangenheit. Und als In-der-Welt-Sein erschließt es Welt immer neu. Das Ziel des menschlichen Daseins, der Sorge ist die Selbstverwirklichung. Sein im Heideggerschen Sinn, so können wir zusammen-

61 Vgl. Gotthard Günther, *Beiträge zur Grundlegung einer operationsfähigen Dialektik*, Bd. 3, Hamburg 1980, Seite 260ff.

fassen, erschöpft sich also nicht darin, wie Gotthard Günther unterstellt, gewesene Freiheit zu sein. Alle drei Zeiten beziehen sich nicht nur aufeinander; sie bilden eine Einheit. Sie sind gleichzeitig.

Die Herrschaft der modernen Technik, der Technologie, ist die späte Folge einer sehr alten technischen Auslegung der Welt, der Metaphysik. Ihr Ursprung findet sich bereits in Platons Auslegung des Seins als Idee, ihre Rechtfertigung erfährt sie in Kants transzendentaler Deduktion der Verstandeskategorien als Bedingungen der Möglichkeit von Wirklichkeit[62], und ihren Höhepunkt erreicht sie in Nietzsches fragmentarischer Metaphysik des Willens zur Macht oder, um präziser zu sein, in der Interpretation dieser Metaphysik durch Heidegger. Technik erscheint hier als Bestandssicherung des Willens zur Macht, der die Wissenschaften als betriebsmäßige und lenkbare Erforschung alles Seienden subsumiert sind. Aus der Symbiose beider, so würden wir heute sagen, geht die Technologie hervor. Die Technik ist für Heidegger nicht nur der letzte Ausläufer und Vollender dieser abendländischen Metaphysik, sondern zugleich ihr innerster Wesenskern. Wenn Heidegger von Metaphysik spricht, dann thematisiert er von Anbeginn ihren technischen, das heißt ihren stellenden, rechnenden und berechenbaren Charakter. Mag die Metaphysik eine Zeitlang auch Theologie gewesen sein, so übernimmt in der Neuzeit an Stelle Gottes der Mensch die Herrschaft über die Welt und mit ihr beginnt im eigentlichen Sinn die Geschichte der Technik. Technik ist für Heidegger mehr als die Summe der technischen Geräte. Sie ist nicht bloßes Mittel. Sie ist eine Weise des Entbergens, der Produktion von Wahrheit. Die Bedingungen der Möglichkeit technischen Herstellens sind zugleich die Bedingungen der Möglichkeit von Wirklichkeit. Erkenntnis wird in der Epoche technologischer Formation immer weniger kontemplativ gewonnen, sondern durch Konstruktion des zu Erkennenden. Und so gilt beides: Technik ist die vollendete Metaphysik, wie Metaphysik eine noch nicht vollendete Vorform der Technik ist.

Heidegger liefert eine glänzende Phänomenologie des Problems. Einerseits beansprucht das menschliche Subjekt der Mo-

62 Vgl. Günter Seubold, *Technik als Weltkonstitution. Martin Heideggers Analyse der neuzeitlichen Technik*. Klagenfurter Beiträge zur Technikdiskussion, Heft 20 (1988).

derne Vorrangstellung in der Welt, andererseits droht in der gleichförmigen Einebnung aller Lebenszusammenhänge durch die Technologie die überkommene Subjekt-Objekt-Polarisierung zu verschwinden. Das Subjekt selbst scheint zum Objekt zu werden. Tatsächlich verschwindet die Polarität nicht. Vielmehr gelangt sie in ihre äußerste, technologisch geprägte Form. Anteile des Subjektiven werden entmystifiziert und dem Objektiven zugeschlagen. Der diesem Sachverhalt zugrundeliegende Prozeß der sozialen Vernetzung vormals voneinander getrennter Lebenswelten gerät zum autonomen Faktor gegenüber den einzelnen Menschen. Menschliche Handlungen, scheinbar freie Willensakte, erhalten so immer mehr den Charakter technischer Vollzüge. Sie als technische sichtbar zu machen, sie an die Maschine zu delegieren und das Subjekt von ihnen zu entlasten, diese Aufgabe formuliert Gotthard Günther als notwendigen Schritt im Übergang von der Metaphysik zur Wissenschaft. Er formuliert sie ganz praktisch, in konstruktiver Absicht und in Auseinandersetzung mit Heidegger. Ihm hält er vor, Sein sei gewesene Freiheit. Und insofern Heideggers Zentralproblem das Sein sei, könne dessen Metaphysik nicht in die Zukunft weisen. Das Willensproblem, das in die Zukunft deutet und ihre Heraufkunft signalisiert, könne auf dem Boden einer philosophischen Seinslehre nicht abgehandelt werden. Das mache die Zukunftslosigkeit der Heideggerschen Philosophie aus. Und er fügt einen zweiten Kritikpunkt hinzu: Die Frage der technischen Wiederholung der Subjektivität falle aus dem Bereich der Seinsthematik völlig heraus. Allenfalls ließe sie sich dem Thema des Nihilismus zuordnen.

Günther spricht zwar von Heidegger, zielt im Grunde aber auf Spengler. Gerade das Besorgen in der Gegenwart schließt bei Heidegger stets Vergangenheit und Zukunft mit ein. In diesem Punkt wäre die Kritik Günthers zurückzuweisen. Ein wichtiger Unterschied jedoch bleibt. Günter faßt den Begriff des *Nichts* positiv, als technologische Herausforderung. Als Negation des irreflexiven Seins repräsentiert das Nichts bei Günther die Reflexivität, also die Subjektivität. Die klassische Metaphysik hat Subjektivität *als Subjektivität* so nicht in den Blick genommen. Vielmehr hat sie, um den Ansprüchen »positiver« Wissenschaft zu genügen, Subjektivität stets radikaler Reobjektivierung unterworfen. Damit verschwand Subjektivität aus dem Blickfeld klassisch-zweiwertigen Denkens. In dieser Tradition steht auch Heidegger, der das

Sein nur als das Positive, das Nichts umgekehrt als bloße Negation, als das Negative begreift. Für Günther hingegen sind Sein und Nichts zunächst isomorphe, hinsichtlich ihres Wertes indifferente Bereiche. In der Umtauschfunktion der Negation sieht er die Reflexionsleistung repräsentiert. Das Nichts gilt ihm als der Bereich, in den hinein die Subjektivität das positive Sein abbildet. Dadurch befreit er das Nichts aus seiner traditionellen Wert-Negativität. Insofern Negation und Nichts als Reservate der Subjektivität erscheinen, erwächst ein wert-positiver, dem Willen zur Gestaltung vorbehaltener Raum. Das Nichts erscheint als eine konstruktiv zu füllende Leerstelle, als Konstruktionsaufgabe.

Im Wechsel von der Person Heideggers zur Person Günthers vollzieht sich die Verwandlung von kontemplativer Metaphysik zur Technologie als Bestandssicherung des Willens zur Macht. Damit erfüllt sich Heideggers Prophezeiung. Die Weltgeschichte, die Wille und Denken zur Grundlage hat, ist, so schreibt Gotthard Günther, universalthematisch die Weltgeschichte des Nichts. Die Freiheit des Willens entspringt aus dem Nichts. Deshalb auch könne über sie letztlich nicht positiv gesprochen werden, sondern nur in einer *Negativsprache*[63], in einer Sprache, die sich nicht auf ein vorgegebenes Sein beschränkt und in dem uns vertrauten Sinn Erkenntnisse vermittelt, in einer Sprache, die von höherer logischer Mächtigkeit ist als die Positivsprache. Sie ist für ihn ein allgemeiner Codex für Handlungsvollzüge und als solcher möchte er sie auf Maschinen implementieren.

4. Dekonstruktion des Logozentrismus (Jacques Derrida)

In der Terminologie Gotthard Günthers finden sich Begriffe wie Geist, Spiritualität, Subjekt/Objekt usw., die einer langen philosophischen Tradition entwachsen sind und damit ihre je eigene begriffsgeschichtliche Verankerung aufweisen.

Bei Gotthard Günther findet man nicht oft eine explizite begriffsgeschichtliche Einordnung der verwendeten Termini. Das Auftauchen solcher Begriffe versetzt sie damit in ein eigenartiges

63 Gotthard Günther, »Identität, Gegenidentität und Negativsprache«, in: *Hegel-Jahrbuch*, Köln 1980, Seite 22-88.

Spannungsverhältnis, da sie zwischen den Polen ihrer klassischen Herkunft und der Bedeutung oszillieren, die sie aus der kontextuellen Verortung innerhalb des Güntherschen Argumentationsgangs erfahren. Denn obwohl im Verlauf des Textes keine ausdrücklichen Neudefinitionen gegeben werden, ist deutlich zu spüren, daß es sich um ständige Transformationen und semantische Verschiebungen handelt. Die Schwierigkeit, die sich daraus ergibt, besteht darin, daß die Neubesetzung sich als zirkulärer Prozeß vollzieht.

Der Zwang zu einer zirkulären Lektüre, der daraus resultiert, verstößt bewußt gegen die Linearität des Lesens. Eine Philosophie *more geometrico*, die sich sukzessiv von Definition zu Definition entfaltet, wäre hierzu das Gegenmodell, bei dem die Konzeption des Textes das schrittweise vom Anfang zum Ende einer Richtung folgende Lesen widerspiegelt. Der Text Günthers erschließt sich jedoch immer wieder neu in der Rückbezüglichkeit. Somit läßt er sich eher als ein Netz vorstellen, das jedoch nicht im Verlauf der Lektüre abgeschritten wird, sondern das sich durch das Lesen selbst jeweils generiert, insofern jede Neubewertung und Verschiebung das alte Netz zerstört und ein neues knüpft.

Davon ausgehend läßt sich der Text Günthers mit dem Text Jacques Derridas vergleichen, ohne beide in eins setzen zu wollen. Beide wollen die Voraussetzungen klassischer Metaphysik zurücklassen, um sie im Bereich einer transklassischen Rationalität neu und sinnvoll zuordnen zu können. Dabei besteht jedoch das Dilemma, daß es keine eigene Sprache für diesen neuen Bereich gibt, das heißt, die Mittel der Entgrenzung sind die Mittel des zu Entgrenzenden. Es handelt sich also um das Problem der Verfangenheit in Sprache, die immer und unausweichlich die Sprache der zu überwindenden Metaphysik ist. Damit aber sei es sinnlos, auf die Begriffe der Metaphysik zu verzichten, wenn man die Metaphysik erschüttern will[64], wie Jacques Derrida es formuliert. Gerade diese Erschütterung ist die unausweichliche Konsequenz, die das Werk Günthers zeitigt, läßt sich die klassische Metaphysik doch als die Rationalitätsstruktur des Abendlandes schlechthin verstehen, deren Sedimentierungen bis in das Alltagsverständnis hinein reichen. Denn wenn Monokontexturalität, das heißt, die

64 Vgl. Jacques Derrida, *Die Schrift und die Differenz*, Frankfurt am Main 1972, Seite 425.

absolute und universale Gültigkeit der die Konsistenz des Denkens sichernden Sätze vom ausgeschlossenen Dritten, vom verbotenen Widerspruch und der Identität, als der notwendige Grund für diese Metaphysik erkannt wird, dann zerbricht eine polykontexturale Sichtweise eben diese Metaphysik in ihrem Alleinvertretungsanspruch. Da nun jedoch die Metaphysik und die mit ihr korrespondierende Logik die Sprache sowohl syntagmatisch als auch lexikalisch beherrscht, kann ein Ausbruch aus diesem Rahmen nicht erfolgen. Vielmehr handelt es sich um eine subversive Arbeit, die von innen heraus und mit den Mitteln der Metaphysik selbst versucht, diese wenn nicht zu überwinden, so doch ein gutes Stück zu verrücken.

Treten also neben die negativen Ansätze der Kritik auch konstruktive Elemente, so kann der demgemäß dekonstruktiv genannte Gestus als eine doppelte Bewegung verstanden werden bzw. »muß durch eine doppelte Gebärde, eine doppelte Wissenschaft, eine doppelte Schrift, eine Umkehrung der klassischen Opposition und eine allgemeine Verschiebung des Systems bewirken«[65] – so Jacques Derrida, der die metaphysischen Begriffe ausbeuten will, um die Metaphysik, diese »alte Maschine«, zu zerstören.

Gotthard Günther greift dieses Projekt gleichfalls auf, da Dekonstruktion und Polykontexturalitätstheorie gleicherweise als Angriff auf den Primat des Seins, der Präsenz und Identität gelten können. Sich unter diesem Primat ausformuliert zu haben, ist das signifikante Merkmal der Metaphysik. Das Entscheidende dabei ist, daß diese Hierarchie, nach der die positive Seite der Präsenz zufällt, während das jeweilige Gegenteil als bloßes Derivat erscheint, keinerlei rationale Gründe für diesen Grundentscheid anführen kann, es sich allein um eine ideologische Festlegung handelt. Das heißt, der Logozentrismus, der die abendländische Rationalität strukturiert, stellt eine unhinterfragte Basis dar, die selbst jedoch keine rationalen Gründe für die spezifische Ausformung ihrer eigenen Konstitution anführen kann.

Dekonstruktion des Logozentrismus heißt damit, die Preisgabe des einen Standpunktes zu vollziehen, bedeutet die Aufgabe des Absolutheitsanspruchs eines Erkenntnis- und Wahrheitsmono-

65 Jacques Derrida, *Randgänge der Philosophie*, Wien und Graz 1988, Seite 313.

pols. Damit ist der Beliebigkeit nicht Tür und Tor geöffnet, sondern allein dem Umstand Rechnung getragen, daß sich von dem einen Grundentscheid ein Begriffssystem in die eine Richtung entwickelt, von einem anderen in eine andere, wobei keines der beiden Systeme einen Vorrang anmelden kann. In Güntherscher Terminologie ließe sich dies als die Anerkenntnis der Diskontexturalität beschreiben, die ein heterarchisches Nebeneinander verschiedener Kontexturen gewährleistet. Dabei ließe sich von Beliebigkeit insofern sprechen, als es zunächst keine zwingenden Gründe gibt, sich in die eine oder andere Richtung zu entscheiden. Wenn aber der Entscheid einmal getroffen ist, gilt intrakontextural die die Konsistenz des Systems garantierende Hierarchie, die jedoch nicht mit der interkontexturalen Hierarchie verwechselt werden darf. Bezüglich der Logik handelt es sich somit um eine Verteilung der einen Logik auf verschiedene Orte, weswegen man in Anlehnung an Derrida von einer Dissemination der Logik sprechen kann.[66]

Damit wird die Verschiedenheit selbst unmittelbar thematisch. Einen entscheidenden Schritt weg vom Identitätstheorem hat Ferdinand de Saussure vollzogen.[67] Für ihn ist der wesentliche Aspekt der sprachlichen Einheiten nicht in ihren positiven, substantiellen Qualitäten zu suchen, sondern darin, daß die Einheit des Zeichens sich jeweils in der negativen Abgrenzung in der Unterscheidung von dem, was es nicht ist, bestimmt. Für Saussure gibt es in der Sprache nur Verschiedenheiten.

Verschiedenheiten, und hier setzt Derrida ein, sind Ergebnisse von Unterscheidungen. Nur was als das eine vom anderen unterschieden wird, kann als das Verschiedene neben ihm bestehen. Werden zwei Entitäten voneinander unterschieden, so heißt dies zum einen, sie in ihrer Verschiedenheit voneinander unterschieden zu haben. Anderseits setzt dieses Resultat der Unterscheidung voraus, daß zuvor prozessual ein Unterschied allererst erkannt wurde. Das heißt, die Unterscheidung stellt eine zirkuläre Figur dar, da sie einerseits einen Unterschied macht, den sie zuvor als

66 Vgl. Rudolf Kaehr, »Materialien zur Formalisierung der dialektischen Logik und der Morphogrammatik«, in: Gotthard Günther, *Idee und Grundriß einer nicht-Aristotelischen Logik*, zweite Auflage, Hamburg 1978, Seite 9ff.

67 Vgl. Ferdinand de Saussure, *Grundfragen der allgemeinen Sprachwissenschaft*, zweite Auflage, Berlin 1967.

solchen erkannt haben muß, andererseits jedoch diesen Prozeß des Unterscheidens nur vollziehen kann mit dem Wissen um einen Unterschied. Man unterscheidet also etwas, weil man es als unterschiedlich erkennt, und kann gleichzeitig etwas nur dann als unterschiedlich erkennen, wenn bzw. weil man es unterschieden hat.

Zirkularität kann hier somit nur als Metapher gelten, da das Verhältnis von Unterschied und Unterscheiden sich eigentlich als eine simultane Gleichursprünglichkeit darstellt. Diese Simultaneität schlägt sich nieder in jenem Kunstwort, das Derrida wählt, um die Dialektik von resultativem Unterschied und aktualem Unterscheiden zum Ausdruck zu bringen, die *différance*. Mit der *différance* aber ist der dialektische Wirbel eröffnet, der das bisherige Denken der Identität und Präsenz in den Wirbel seiner Unhaltbarkeit zieht. Denn nun ist es nicht mehr möglich, Sinn von Identität her zu denken, wenn Nichtidentität als deren gleichursprüngliche Bedingung immer mitgedacht wird. *Différance* ist Aufweis der Haltlosigkeit logozentristischer Präferenz und Verabsolutierung eines Denkens, das sich von einem Pol her konstituiert, das den anderen als reines Defizit degradiert und das nun in diesem anderen Pol die notwendige Bedingung seiner selbst erkennen muß.

Eine monokontexturale Sichtweise wird im Dilemma verfangen bleiben, daß entweder der Unterschied als Voraussetzung der Unterscheidung gesetzt oder die Unterscheidung dem Unterschied als vorgängig gedacht werden muß. Günther konkretisiert die im Wort *différance* gemeinte simultane Gleichursprünglichkeit von Unterschied und Unterscheidung. Betrachtet man nämlich aus polykontexturaler Sicht das Wechselspiel von Unterschied und Unterscheidung, so wird die Notwendigkeit einer absoluten Entscheidung hinfällig. Nun ermöglicht Diskontexturalität als der kategoriale Abbruch zweier heterarchischer Logikbereiche das gleichzeitige Nebeneinander des sich innerhalb einer Kontextur Widersprechenden, wobei Proemialität als die Vermittlungsinstanz fungiert, die das Wechselspiel von Ordnung und Umtausch regelt.

Wichtig dabei ist, hierin nicht einen terminologischen bzw. methodologischen Trick zu sehen, der die beiden Möglichkeiten des beschriebenen Grundentscheides geschickt in ein umfassenderes System zusammenfaßt. Das bedeutete nämlich, das Identitäts-

und Ursprungsdenken allein zu dislozieren, in seiner Struktur nicht aufzubrechen, sondern das »Entweder-oder« des Zugangs allein durch die hohe Geschwindigkeit des Hin- und Herspringens zu überspielen. Tatsächlich jedoch ist einem Ursprungsdenken der Boden entzogen, wenn Gleichursprünglichkeit mit der *différance* nicht nur gedacht werden kann, sondern in polykontexturaler Logik auch struktural ihren formalen Niederschlag findet.

Damit ist nun nicht gesagt, daß der transklassische Formalismus die *différance* abbilde, denn eine solche Redeweise impliziert eine substantialistische Bedeutung, die Derrida gerade nicht intendiert. Für ihn ist *différance* vielmehr eine Denkfigur, die sich selbst der Zuordnung »seiend – nicht seiend« konsequent verweigert, *»die différance ist nicht«*[68], sie zeitigt allein ihre Konsequenzen, weswegen Derrida an ihrer Stelle auch den Begriff der *Spur* verwendet. Solcherart der Dichotomie von Anwesenheit und Abwesenheit, von Aktivität und Passivität, Ursache und Wirkung enthoben, erschließt sich zwangsläufig ein Bereich transklassischer Rationalität. Denn klassische Rationalität basiert notwendig auf dem Prinzip der Dichotomie, die ihr Kohärenz sichert, entweder – oder, ein *Drittes* gibt es nicht.

Zeigen sich nun zwar die Grenzen dieses Schemas, so diktiert seine Logik dennoch die ihr korrespondierende Sprache. Derridas und Günthers Schreiben kann als ein Ringen mit diesen Fesseln gelesen werden.

5. Standorte der Wahrheit (Humberto R. Maturana)

Der Neurophysiologe Humberto R. Maturana hat eine Erkenntnis radikalisiert, die der Physiker Werner Heisenberg einmal so zum Ausdruck gebracht hat: Das, was wir beobachten, ist nicht die Natur selbst, sondern Natur, die unserer Art der Fragestellung ausgesetzt ist. Nach Maturana ist das, was wir gemeinhin als Realität bezeichnen, ein Bereich, der durch die Operationen des Beobachters überhaupt erst erzeugt wird, durch Unterscheidung, Eingrenzung und Absonderung eines Phänomens von seiner Um-

68 Jacques Derrida, *Randgänge der Philosophie*, a.a.O., Seite 47.

gebung.[69] Was sich aus solchen Operationen ergibt, sei ein Gegenstand mit den Eigenschaften, die durch eben jene Operationen bestimmt werden, kein bloßer Abbildungsprozeß eines an sich seienden Objektes. Erkenntnis sei abhängig von den kognitiven Strukturen des Erkennenden. Wandeln sich diese im Laufe der Zeit, dann verändert sich auch das, was erkannt wird.

Dieser Ansatz ist nicht nur wissenschaftstheoretisch von Bedeutung, sondern hat auch weitreichende gesellschaftliche Konsequenzen. Dies läßt sich gut an der provokanten These des amerikanischen Soziologen Daniel Bell diskutieren: »Eine Gesellschaft, so möchte ich behaupten, läßt sich nicht als Totalität auffassen. (...) Am Begriff der Totalität oder an einem holistischen Ansatz könnte man nur dann festhalten, wenn eine Gesellschaft aus wechselseitig abhängigen Teilen bestände, die entweder über die Produktionsweise oder über das Wertsystem organisiert wären, so daß diese ›unabhängigen‹ Variablen alle übrigen Teile des Systems bestimmen würden. Aber jede Gesellschaft, so meine ich, setzt sich aus unterschiedlichen Bereichen zusammen, und zwischen diesen besteht ein ›disjunktives‹ Verhältnis.«[70]

Was Bell an dieser Stelle mit Recht aufgreift, ist der hohe Grad gesellschaftlicher Differenzierung, der es überaus erschwert, die Konfiguration disparater Teile einer einheitlichen Theorie zuzuführen. Daß er sich jedoch dagegen wendet, Gesellschaft als *System* zu erfassen[71], wird nur dann verständlich, wenn man sieht, daß seine Kritik *mono*kontextural ist. Denn nur wenn der eine Standpunkt verabsolutiert wird, ergibt sich die Notwendigkeit, andere ausschließen zu müssen. Nichts anderes bedeutet die »Disjunktivität disparater Teile«.

Aus polykontexturaler Sicht hingegen ergibt sich bei gleicher Bestandsaufnahme die umgekehrte, das heißt positive und produktive Einschätzung der Teil-Ganzes-Relation. Die über Diskontexturalität ausgebildete Heterogenität der Teile fügt sich in heterarchischer Vermittlung zum Systemganzen. Insofern kann an einem holistischen Ansatz festgehalten werden, der sich dann als

69 Vgl. Humberto R. Maturana, *Erkennen. Die Organisation und Verkörperung von Wirklichkeit*, Braunschweig und Wiesbaden 1982.
70 Daniel Bell, *Die Sozialwissenschaften seit 1945*, Frankfurt am Main und New York 1986, Seite 9.
71 Ebd.

systemische Vermittlung struktureller Komplexität und Kompliziertheit darstellt. In der systemtheoretischen Terminologie Maturanas[72] läßt sich das als die Beschreibung der Struktur und Organisation eines Systems fassen. Hiermit ist der relationale Zusammenhang der einzelnen Bestandteile des Systems intendiert.

Heterogenität der einzelnen Systembestandteile ist für Maturana sowohl Konsequenz als auch Voraussetzung innerhalb seiner Theorie. Konsequenz insofern, als die operationale Geschlossenheit des Systems nicht als je eigener Zugang zu einer objektiven Welt verstanden werden darf, sondern Bedingung der Möglichkeit und Realität einer je eigenen Welt darstellt. Die Einsicht, »daß jegliche Wirklichkeit subjektabhängig ist«[73], macht somit die Rede von *der* Wirklichkeit hinfällig, ersetzt die Monokontextur »Realität« durch die polykontexturale Verteilung »Realität für«, womit einer Homogenität im gleichen Moment der Boden entzogen ist.

Die Einsicht, es gebe nur relative, keine absoluten Wahrheiten, hat nun erhebliche Auswirkungen darauf, wie mit ihnen umzugehen sei. Unterschiedliche Kulturen zum Beispiel erzeugen demnach unterschiedliche Wahrheiten. Diese Unterschiede erschöpfen sich nicht darin, daß dieselbe objektive Realität in verschiedener Weise interpretiert werden kann, sondern beinhalten, daß Menschen unterschiedlicher kultureller Herkunft in verschiedenen kognitiven Wirklichkeiten leben. Nach Maturana kann daher nicht von kulturellen Beschränkungen hinsichtlich des kognitiven Zugangs zu einer vorgängigen objektiven Realität gesprochen werden. Alle Kulturen können innerhalb jenes Vorhersagebereichs, den sie definieren, als erfolgreich gelten. Es gibt keinen objektiven Maßstab, der es erlauben würde, eine Kultur als erfolgreicher einzuschätzen als eine andere. Wertungen erfolgen immer aus der Perspektive einer bestimmten Kultur heraus. Sie beziehen sich, bewußt oder unbewußt, auf die Kultur, der sie entstammen. Anzuerkennen ist also das Nebeneinander des Verschiedenen in dem Sinne, daß sich aus dem Verhältnis der jeweiligen Eigenheit der Welt und der – wie Günther ergänzt – grundsätzlichen Ich-

72 Ein Versuch, die biologische Epistemologie Humberto Maturanas auf der Grundlage der transklassischen Logik Gotthard Günthers zu reformulieren, findet sich bei Axel Ziemke, *Biologie der Kognition und transklassische Logik*. Klagenfurter Beiträge zur Technikdiskussion, Heft 45 (1991).

73 Humberto R. Maturana, a.a.O., Seite 309.

Transzendenz/Unzugänglichkeit der subjektabhängigen Welten der anderen politische und ethische Forderungen ergeben, die dem humanistisch-christlich geprägten Abendland befremdlich erscheinen mögen. Denn wenn kulturelle Verschiedenheit nicht mehr als unterschiedliche Zugangsweise zu einer objektiven Realität verstanden werden darf, sondern als adäquates Interagieren/Kommunizieren innerhalb einer bestimmten Welt gilt, dann heißt Toleranz nicht mehr wohlwollende Akzeptanz aufgrund besseren Wissens, sondern erscheint als die Anerkennung unterschiedlicher, aber gleichberechtigter kognitiver Bereiche.

Diskontexturalität und Heterarchie verunmöglichen somit, von Toleranz zu reden, dechiffrieren diese Haltung des wohlwollenden Geltenlassens als Ausdruck eines dichotomischen Diskurses der Eigentlichkeit, der in anderen Kontexten rassistisch genannt werden kann. Operationale Geschlossenheit, Je-Eigenheit der Welt, Diskontexturalität ernstnehmen, heißt dann aber auch, ihre Bedeutung für das Individuum zu reflektieren. Denn ebenso wie es gilt, kulturelle Verschiedenheiten als Ausdruck völlig unterschiedlicher kognitiver Wirklichkeiten zu begreifen, so gilt dies in gleichem Maße für das einzelne Subjekt. Damit aber, wir erwähnten es bereits, und weil »lebende Systeme selbstreferentielle Systeme sind, ist jeder endgültige Bezugsrahmen notwendigerweise ein relativer. Aus diesem Grunde ist kein absolutes Wertesystem möglich«.[74] In logischer Konsequenz wird somit jeglichen Ansprüchen einer Letztbegründung der Ethik, ja der Verbindlichkeit ethischer Normen schlechthin die Legitimation entzogen. Wenn die Forderung nach einer gemeinsamen Welt nicht erfüllt werden kann, wird das Postulat einer allgemein verbindlichen Ethik selbst hinfällig. Was aber bleibt dann? Bei Maturana liest sich die Antwort so: »... die einzige Basis ethischer Entscheidungen für den Menschen ist (...) sein subjektabhängiger Erkenntnisbereich, da dieser den Bereich der Alternativen determiniert, von dem aus er die Welt konstruiert, die er durch seine Handlungen herstellen möchte. Auch wenn daher Erkenntnis eine Ethik weder begründet noch begründen kann, bestimmt diese als ein Bereich von Präferenzen den Gebrauch von Erkenntnis. Wir können daher der Schlußfolgerung nicht ausweichen, daß die Möglichkeit kultureller Einheit des Menschen ausschließlich darauf beruht, daß alle

74 Ebd., Seite 80.

Menschen dieselbe Ethik akzeptieren und daher ein gemeinsamer Erfahrungsbereich für alle Menschen geschaffen werden kann, der in eben diesen Menschen wiederum ähnliche ethische Präferenzen erzeugt. Die kulturelle (ethische) Einheit des Menschen zu erreichen, ist daher kein Problem der Wissenschaft, wie wir sie für gewöhnlich verstehen, sondern ein Problem der Kunst des Lebens selbst.«[75]

Gilt aber diese Relativität für den projektiven Entwurf eines verbindlichen ethischen und infolgedessen juristischen Kodex, so muß sie als eine die polykontexturale Verschiedenheit der Individuen und ihrer Welt respektierende auch in die umgekehrte Richtung wirken, das heißt, die Je-Eigenheit des Subjekts vor dem Gesetz erkennen. Damit wäre das anzustrebende Ziel nicht die allgemeine Gleichheit vor dem Gesetz, sondern in entgegengesetzter Lesart das Höchstmaß an Individuation. Also anstelle von »Vor dem Gesetz sind alle gleich« nunmehr »Vor dem Gesetz sind alle ungleich« bzw. »Das Gesetz ist nicht für alle gleich«.

6. Differenzierung, Integration und Risiko (Niklas Luhmann, Helmut Willke, Ulrich Beck, Burkhard Wehner)

Durch die fortwährende Ausdifferenzierung der Gesellschaft in Subsysteme mit relativer Autonomie wird auch in den Sozialwissenschaften das monokontexturale und hierarchische Denken zum Problem. Die neue gesellschaftliche Situation reflektiert sich in den modernen Systemtheorien. Es gibt kein Subjekt mehr, keines, das Zukunft entwirft und Geschichte macht. Gott ist tot. Die Denkfigur des Menschen »an sich« hat sich als Projektion herausgestellt. Das Proletariat als sozialhistorisch treibende Kraft hat sich aufgelöst. Gesellschaft ist in vielfältige, miteinander konkurrierende Subsysteme bzw. Sphären zerfallen. Damit stellt sich für die Sozialwissenschaft die Frage: Wie stellt sich gesellschaftliche Integration, wie stellen sich gesellschaftliche Syntheseleistungen auf solch einem historisch völlig neuen Niveau gesellschaftlicher Differenzierung überhaupt noch her?

Konstruktiv gewendet lautet das Problem: Wie läßt sich die

75 Ebd., Seite 311.

organisierte Komplexität moderner Gesellschaften, zunehmend Weltgesellschaft, bearbeiten, ohne daß es zu sozialen und ökologischen Katastrophen kommt? Offensichtlich hat die gesellschaftliche Evolution soziale Großsysteme geschaffen, bei denen immer deutlicher wird, daß tradierte Formen *naturwüchsiger* Evolution nicht mehr ausreichen, zukünftige Entwicklungen zu steuern. Es muß eine Form gesellschaftlicher Integration gefunden und begründbar werden, die das menschliche Zusammenleben in übergreifenden Zusammenhängen, Interdependenzen, ermöglicht. Dieser Sachverhalt verweist unabdingbar auf die Notwendigkeit einer zeitgemäßen Gesellschaftstheorie. Wie sonst sollten Teile eines Systemzusammenhanges, Subsysteme oder Sphären, etwa Wirtschaft, Politik, Wissenschaft, Recht, analysiert werden, wenn man nicht weiß, wie das Systemganze funktioniert? Philosophische, soziologische oder pädagogische Theorien, die, in der Tradition des 19. Jahrhunderts wurzelnd, das Individuum ins Zentrum ihres Erkenntnisinteresses rücken, verlieren an Erklärungswert in einer Zeit, in der Organisationen, soziotechnische Figurationen, zum Motor gesellschaftlicher Entwicklung geworden sind und zum verursachenden Moment von Risiken und Krisen. Politische, soziologische und philosophische Theorien, die den Nationalstaat des 19. Jahrhunderts nach wie vor zum Objekt ihrer Erkenntnis machen in einer Zeit, in der wir im Begriff sind, eine Weltgesellschaft zu konstituieren, die geprägt sein wird durch supranationale Organisationen, durch multinationale Konzerne und durch ein übergreifendes Rechtssystem, verlieren ebenfalls an Erklärungswert.

Was aber sind die Kennzeichen entwickelter, postmoderner, nachbürgerlicher (oder wie auch immer man sie bezeichnen mag) Gesellschaften, zunehmend der Weltgesellschaft? In der einschlägigen sozialwissenschaftlichen Gegenwartsliteratur werden, innerhalb eines systemtheoretischen Bezugsrahmens formuliert[76], im wesentlichen vier charakteristische Merkmale angeführt.[77]

76 Niklas Luhmann, *Soziale Systeme. Grundriß einer allgemeinen Theorie*, Frankfurt am Main 1987. Zum Paradigmenwechsel innerhalb der Luhmannschen Theorie von der funktionalstrukturellen Systemtheorie zur Theorie autopoietischer Systeme vgl. Gábor Kiss, *Grundzüge und Entwicklung der Luhmannschen Systemtheorie, Stuttgart 1990.*

77 Helmut Willke, *Systemtheorie. Eine Einführung in Grundprobleme*, Stuttgart und New York 1982.

Der historische Prozeß gesellschaftlicher Arbeitsteilung habe zu einer funktionellen *Differenzierung* und Verfestigung gesellschaftlicher Subsysteme bzw. Sphären geführt, zu relativ geschlossenen politischen, pädagogischen, ökonomischen, wissenschaftlichen, religiösen etc. Bereichen, deren Aktivitäten sich nicht nur oder nicht so sehr an Interessen des Systemganzen orientiert entfalten, sondern weitgehend eigenen, internen Vorgaben folgen. Dieser Sachverhalt habe zwar hinsichtlich der zukünftigen Entwicklung des Gesamtsystems zu einer Steigerung der Optionenvielfalt geführt, zugleich aber auch zu einer Vervielfachung der problematischen Außenwirkungen. Die Gesellschaft insgesamt wird in einer noch kaum begriffenen Weise leistungsfähiger, dynamischer, reicher an Möglichkeiten, schreibt Helmut Willke, zugleich aber auch komplexer, unübersichtlicher und, in völlig neuer Weise, anfällig und gefährdet. Nicht von ungefähr kann Ulrich Beck deshalb von »Risikogesellschaft«[78] sprechen. Und nicht von ungefähr häufen sich deshalb weltweit konservativ gerichtete Versuche, diese dynamische Komplexität fundamentalistisch zu entdifferenzieren.[79]

Die *Machbarkeit* der Welt, die Wählbarkeit von Zukunftsentwürfen wird in der einschlägigen sozialwissenschaftlichen Literatur als zweites Kriterium genannt. Die moderne Gesellschaft erzeugt sich aus sich selbst heraus; sie gestaltet sich und ihre Umwelt. Das Rechtssystem zum Beispiel ist keine transzendentale Instanz mehr, sondern Resultat verbindlicher Normsetzungen, willentliche Entscheidung von Gesetzgebern. Gerade am Beispiel von Rechtsetzung und Rechtsprechung wird deutlich, daß in einer funktionell differenzierten, und das heißt zugleich in einer strukturell sich enthierarchisierenden Gesellschaft das einzelne Subsystem, in diesem Fall der Gesetzgeber, nur teilsouverän agieren kann. Recht und Staat sind nach innen begrenzt durch die Handlungsspielräume der anderen hochspezialisierten, ebenfalls partiell autonomen Mitgestalter gesellschaftlicher Wirklichkeit, nach außen durch wechselseitige supranationale Abhängigkeiten. Die Folgen dieser »neuen Unübersichtlichkeit«, die sich aus der

78 Ulrich Beck, *Risikogesellschaft. Auf dem Weg in eine andere Moderne*, Frankfurt am Main 1986.

79 Vgl. Thomas Meyer, *Fundamentalismus. Aufstand gegen die Moderne*, Reinbek 1989.

Machbarkeit der Welt und den ihr entsprechenden Kompetenzen und voneinander abgetrennten Verfügungsbereichen ergeben, hat Ulrich Beck[80] recht eindrucksvoll am Beispiel der Kodifizierung technischer Sicherheitsnormen im Bereich von Atom, Bit und Gen beschrieben.

Die Entzauberung von Hierarchie als Ordnungsprinzip hängt zusammen mit einer historisch spezifischen Form, der funktionellen Ausdifferenzierung sozialer Subsysteme. Das Schlagwort hierfür, zugleich als drittes Charakteristikum entwickelter Gesellschaften genannt, heißt *Selbstreferenz*, heißt Selbstbezüglichkeit. Selbstbezüglichkeit bedeutet nun aber nicht, daß die operative Geschlossenheit sozialer Subsysteme, ihre relative Autonomie, in den Autismus führe. Im Gegenteil. Ihre funktionelle Ausdifferenzierung erfordert nachgerade eine Integration, allerdings nun auf sozialstrukturell und sozialhistorisch höherer Stufe. Als strukturdeterminierte, sich selbst steuernde Systeme werden sie zwar nicht von ihrer Umwelt determiniert. Gleichwohl stehen sie mit ihr im Austausch. Sie unterliegen einem steten Wechselspiel von Selbst- und Fremdreferenz. Jedes soziale Ereignis stellt, so betrachtet, einen »polykontexturalen« Sachverhalt dar. Weil kein soziales Subsystem für sich die Problematik des Ganzen zu repräsentieren und zu lösen imstande ist, kann es auch keine Priorität des einen über das andere geben, etwa der Ökonomie über die Politik oder umgekehrt. Anstelle einer monolithischen Hierarchie haben wir es im Verlauf weiterer Ausdifferenzierung sozialer Subsysteme zunehmend mit vernetzten Konfigurationen selbstreferentieller gesellschaftlicher Teilbereiche, mit sozialer Heterarchie zu tun.

Die Evolution sozialer Großsysteme erzeugt massive Problemlasten, Risiken und Krisen. Entwickelte Gesellschaften sehen sich deshalb mit der Aufgabe konfrontiert, den bislang unkontrolliert ablaufenden Evolutionsprozeß zu zivilisieren. Sie stehen, systemtheoretisch gesprochen, vor der Notwendigkeit seiner *Steuerung*. Weil die Subsysteme ihrer Eigendynamik und ihren Eigeninteressen folgen, ist eine Synthese zum Systemganzen nicht automatisch sichergestellt. Der Primat einzelner Systemrationalitäten bedeutet nämlich nicht selten Irrationalität des komplexen Ganzen. Das ließ sich in den Planwirtschaften des Ostens ebenso beobachten

80 Ulrich Beck, *Gegengifte*, Frankfurt am Main 1988.

wie in den Marktwirtschaften des Westens. Dominiert in dem einen Fall die Ökonomie, so im anderen die Politik.

Was folgt aus all dem? Wenn jedes soziale Subsystem über einen eigenen »Welt«-Entwurf, über eine eigene Wahrheit verfügt, dann kann die gesellschaftliche Synthese nur in Formen dezentraler Selbstorganisation erfolgen. Und die Menschen hätten Sorge zu tragen dafür, daß es zivilisierte Formen sind. Hierfür aber gibt es noch kaum Strategien, und Erfahrungen schon gar nicht. Wir stehen im Vorhof zur Analyse. Von der Konstruktion neuer Steuerungstechniken, die der veränderten Situation gerecht werden, sind wir noch weit entfernt. Was uns Probleme bereitet, ist, daß der für entwickelte Gesellschaften charakteristische hohe Komplexitätsgrad mit dem Werkzeug der mehr als zweitausend Jahre alten zweiwertigen Logik nicht zu bewältigen ist. Traditionelle Unterordnungsbeziehungen im Verhältnis der Subsysteme zueinander verlieren an Bedeutung. Heterarchische Interdependenzgeflechte verdrängen hierarchische Strukturen. Um die Vielfalt und die darin angelegten Möglichkeiten eines komplexen Systems aufrechterhalten zu können, ist es erforderlich, dessen Integrations- und Syntheseleistungen dezentral sich entwickeln zu lassen, durch diskursive Abstimmung relativ autonomer Subeinheiten. Wie das Schicksal der osteuropäischen Planwirtschaften zeigt, lassen sich komplexe Systeme nicht linear kausal beeinflussen, gleichsam von außen. Aufgrund ihrer operativen Geschlossenheit und der für sie typischen komplexen inneren Verweisungsstruktur reagieren selbstreferentielle Systeme auf solch brachiale Interventionen mit einem krisenhaften Verlust an Eigendynamik und Syntheseleistungen. Das wären zentrale, aber oft noch kaum benutzte Anknüpfungspunkte an das Projekt von Gotthard Günther.[81]

Für die Politik unternimmt es Burkhard Wehner, neue Formen staatlicher Selbstorganisation zu entwerfen.[82] Er plädiert für die

81 Daß in den Sozialwissenschaften solche Anknüpfungspunkte, wenn überhaupt, dann eher bei Spencer Brown als bei Gotthard Günther gesucht werden, belegt der von Dirk Baecker herausgegebene Reader *Probleme der Form*, Frankfurt am Main 1993. An Günther knüpft hingegen an: Fred Pusch, *Entfaltung der sozialwissenschaftlichen Rationalität durch eine transklassische Logik*, Dortmund 1994.

82 Burkhard Wehner, *Nationalstaat, Solidarstaat, Effizienzstaat. Neue Staatsgrenzen für neue Staatstypen*, Darmstadt 1992.

Ablösung des traditionellen Universalstaates, der für alles und jedes zuständig und damit (heute) systematisch überfordert ist, durch dezentral organisierte »Spartenstaaten«, die durch freie Willensbekundung der Bürger zustande kommen und jederzeit wieder aufgelöst werden können. Sie sind nach Problembereichen gegliedert, in ihren geographischen Grenzen flexibel und auch untereinander hinsichtlich Staatsraum und -bevölkerung nicht dekkungsgleich. Der für Währungsbelange zuständige Spartenstaat zum Beispiel kann sich von dem für die Kulturpolitik zuständigen hinsichtlich der sie beide tragenden »Staats«-Bevölkerung und des ihnen zugeordneten »Staats«-Territoriums wesentlich unterscheiden. Jeder Bürger hat somit teil an mehreren, unterschiedlichen, sich partiell überlappenden staatlichen »Kontexturen«. Was sich bei Günther als vielschichtiger formaler (»leerer«) Kalkül findet, erscheint bei Wehner als substantielles (»inhaltliches«) Gebäude politischer Theorie.

Die gegenwärtige Krise im Politikverständnis weiter Bevölkerungskreise sieht Wehner darin begründet, daß die gesellschaftliche Komplexität und Dynamik auf der einen, das dafür zuständige politische System auf der anderen Seite nicht (mehr) zur Deckung gebracht werden können. »Das politische System des allzuständigen Staates fordert den Unmut der Bürger gleichzeitig auf zweierlei Weise heraus. Es tut dies zum einen in seiner Eigenschaft als anonymer, immer schwerer durchschaubarer Entscheidungsapparat, in dem überkomplexe politische Sachprobleme fernab vom Einblick und Einfluß des Bürgers abgehandelt werden.« Unter den Bedingungen einer solchen universalstaatlichen »Monokontextur« müssen dem Bürger die periodisch veranstalteten Wahlverfahren zwangsläufig als schmückendes Beiwerk erscheinen, die ihm kaum noch Eingriffe in den politischen Verlauf der Dinge tatsächlich ermöglichen. »Unmut erzeugt zugleich aber die öffentliche Zuspitzung der Politik auf die Spitzenakteure, die dem anonymen politischen Prozeß als Repräsentanten aufgesetzt sind. Die Präsidenten der Präsidialdemokratie, aber ähnlich auch die parlamentarisch gewählten Regierungschefs präsentieren sich als allzuständige Problemlöser, bei denen die Verantwortung für das gesamte Spektrum der Politik gebündelt ist und die sich daher eine entsprechend gebündelte, universelle Sachkompetenz anmaßen müssen. Daß diese Kompetenzanmaßung angesichts der wachsenden Komplexität des Problemspektrums illusorisch geworden ist, ahnt aber längst auch der politische Durchschnittsbürger. Dies kommt in der zunehmenden Gleichgültigkeit gegenüber den Schaukämpfen der politischen Spitzenkandidaten und in der weitergehenden Desillusionierung über die gesamte politische Führungsschicht zum Ausdruck.«[83] Solche »allzuständigen Verantwortungsträger« werden als überforderte Politikdarsteller durchschaut, die nur noch die ihnen zugeschobenen Lösungsformeln für politische Probleme in der Öffentlichkeit präsentieren können und immer weniger noch als sachverständige Dialogpartner respektiert.

Für Burkhard Wehner beginnt sich damit unter der Hand, die historisch überlebte Form der universalstaatlichen »Monokontextur« auch faktisch aufzulösen. »Das Universalstaatsprinzip erzeugt auf diese Weise eine mit der Öffentlichkeitsarbeit weitgehend ausgelastete politische Führungsspitze, unterhalb deren die einzelnen Politiksparten sich in ihrer eigentlichen Sacharbeit schon weitgehend verselbständigt haben. Vom universalstaatlichen Zusammenhalt ist in dieser Sacharbeit nur noch wenig zu spüren. Damit ist aber eine Auflösung des Staates in unabhängige Sparten de facto teilweise schon vorweg genommen. Sich zu dieser Auflösung zu bekennen und sie fest zu institutionalisieren, ist unter diesen Umständen die naheliegende politische Schlußfolgerung. Hiermit wird kein vollkommen neuartiges und praxisfernes Verfahren eingeführt, sondern es würde nur der Trend zur spartenspezifischen Expertenentscheidung offengelegt, der hinter dem Schleier der universalstaatlichen Spitzeninstitutionen ohnehin schon weit vorangeschritten ist.«[84] Selbst in den bewährtesten Demokratien habe der Bürger sich seiner Rolle als Souverän des politischen Geschehens noch nicht vollständig bemächtigt. Dies könne erst dann der Fall sein, so Burkhard Wehner, wenn die verschiedenen Bedürfnisse nach staatlicher Zusammengehörigkeit nicht mehr ins universalistische Prinzip eingezwängt sind, sondern in geregelte demokratische Verfahren eingebracht werden können. Und er fügt in geradezu Güntherscher Diktion hinzu: »Der Universalstaat zwingt ... zu Alles-oder-nichts-Entscheidungen, die häufig nur neue Konflikte an die Stelle der alten treten lassen ... Diese unheilvollen Tendenzen sind nur durch die Auf-

83 Ebd., Seite 130.
84 Ebd., Seite 131.

spaltung des Universalstaates im demokratisch betriebene Spartenstaaten überwindbar.«[85]

Gleichgültig, wie man zu den einzelnen Vorschlägen und Zustandsbeschreibungen inhaltlich steht, eines wird deutlich: Was Soziologen und Politologen hier im Rahmen ihrer Fachdisziplin substanzwissenschaftlich formulieren, findet sich in seinen formalen Aspekten, in der Sprache der Philosophie und Logik, bei Gotthard Günther wieder. Das an sich wäre nicht weiter bemerkenswert. Es kommen jedoch zwei Momente hinzu, die bedeutsam sind, erstens die Einsicht, daß sich die skizzierten Probleme nicht lösen lassen mit Modellen, die auf Basis der klassisch-aristotelischen Logik formuliert werden, und zweitens der Versuch, formale Kalküle zu entwickeln, die der Komplexität der gegenwärtigen Probleme eher gerecht werden, indem sie operationale Handlungsanweisungen zu geben mindestens versprechen.

7. Die transzendentale Frage (Immanuel Kant)

Nur das Abendland hat es geschafft, in seinem Denken, in seiner Logik von seinem eigenen Entstehungskontext zu abstrahieren. Mit der Materialisierung dieser Logik in Form von Technik wurden hier zum ersten Mal Objektivierungen des Geistes in einer Form möglich, die von anderen Kulturen angenommen werden konnten und dadurch Weltgesellschaft konstituieren. In seinem Selbstverständnis ist dieses Denken universell, die einzig mögliche und richtige Form des Denkens und somit verbindlich für jedes denkende Subjekt. Wenn es andere Formen des Denkens gibt, können diese lediglich als defizitär, als unterentwickelt oder falsch begriffen werden. Die klassische zweiwertige Logik kennt nur einen Ort des Denkens, eine einzige Wahrheit, eine »Monokontextur«. Aus dieser Verbindlichkeit für alle schöpft sich die Hoffnung, die Verschiedenheit der individuellen Einzelpersonen zu überwinden und einen allgemeinen gesellschaftlichen Konsens zu finden. Es lohnt sich, der Genese dieses Denkens und seiner Grundannahme eines transzendentalen Subjekts nachzugehen.

85 Ebd., Seite 146.

Seit David Hume[86] und Immanuel Kant[87] ist bewußt geworden, daß es im menschlichen Denken Formen und Kategorien gibt, die sich zwar im Denken und Verhalten der einzelnen Individuen, wir nennen sie empirische Subjekte, äußern, deren Eigentümlichkeit aber gerade darin besteht, daß sie überindividuelle Gültigkeit haben. Sie sind aus der Erfahrung, das heißt empirisch, nicht ableitbar. Sie gehen vielmehr jeder Erfahrung voraus. Kant nennt sie deshalb apriorisch. Sie konstituieren das transzendentale Subjekt. Die überindividuelle Wirklichkeit kristallisiert sich in erster Linie in der Mathematik, in der Logik und in der reinen Physik.

Im Zentrum des Humeschen Interesses steht das Erkenntnisvermögen des *Einzelnen*, des empirischen Subjekts. Es kann einmal zum Gegenstand haben die reine, die inhaltsleere Tätigkeit des Denkens, zum anderen sich beziehen auf Tatsachen. Im ersten Fall handelt es sich um intersubjektiv zwingende, um, im strengen Sinn, allgemeine Sätze, die von keinem Dasein in der Welt abhängig sind. Tatsachen, der zweite Gegenstand der menschlichen Vernunft, seien, so Hume, nicht in gleicher Weise als gewiß verbürgt. Ebensowenig sei die Evidenz ihrer Wahrheit, wie stark auch immer, von der gleichen Art wie bei der vorhergehenden. Etwas anderes bleibe immer möglich. Für das einzelne Subjekt könne es deshalb keine absolute Erkenntnissicherheit geben. Pragmatisch begnügt sich Hume damit, daß die durchschnittliche Verläßlichkeit der Alltagserscheinungen für praktisches Handeln schon ausreichen werde. Unschlüssig bleibt er in der Frage, wie mit den im strengen Sinne allgemeinen Sätzen erkenntnistheoretisch zu verfahren sei. Sätze von apriorischer Gültigkeit, von strenger Allgemeinheit gibt es, weil sie, wie in der Mathematik, von jeglichem Inhalt absehen. Aus Beobachtungen, aus Erfahrungen, so zahlreich sie auch sein mögen, lassen sie sich nicht ableiten. Die Frage, wie sie zustande kommen, muß Hume, der das Erkenntnisvermögen des einzelnen Subjekts zum Ausgangspunkt seiner Untersuchungen macht, unbeantwortet lassen. Das ist die Situation, die Kant vorfindet.

Auf der Suche nach einem Ausweg aus der empirischen Deutung des Bewußtseins rückt Kant den menschlichen Verstand ins

86 David Hume, *Eine Untersuchung über den menschlichen Verstand*, Stuttgart 1982.

87 Immanuel Kant, *Kritik der reinen Vernunft*, Hamburg 1962.

Zentrum seiner Erkenntnistheorie. Und er trifft eine Unterscheidung, die folgenreich werden soll. Er zieht einen Trennstrich zwischen den zahlreichen empirischen Subjekten, die Hume vor Augen hatte, und der erkenntnistheoretischen Figur eines transzendentalen, überempirischen Subjekts, dessen Bewußtsein sich dadurch auszeichnet, daß es inhaltlich vollkommen unbestimmt, formal bleibt. Damit ist jede empirische Herleitung ausgeschlossen. Bereits Hume hatte festgestellt: Wo wollte Erfahrung ihre Gewißheit hernehmen, wenn alle Regeln, nach denen sie fortschreitet, immer wieder empirisch, mithin zufällig wären? Daraus zieht Kant die Konsequenz: Die subjektiv-individuelle Erkenntnisfähigkeit muß von einer Instanz abhängen, die nicht im Individuum ihren Ursprung hat. Die Geltung wissenschaftlicher Erkenntnis empirischer Subjekte gründe in einem transzendentalen, ihre empirische Existenz und inhaltliche Bestimmtheit überschreitenden höchsten Punkt, in der erkenntnistheoretischen Figur des transzendentalen Subjekts. In dem, was das Bewußtsein des transzendentalen Subjekts auszeichnet, seien alle denkenden (empirischen) Subjekte identisch. Das transzendentale Bewußtsein ist, wie Kant sagt, in allem Bewußtsein ein und dasselbe.

Daß die Geltung der Vernunftprinzipien von der Art und Weise, wie sie im empirischen Bewußtsein zustande kommen, völlig unabhängig sei, diese Argumentation Kants ist häufig mißverstanden worden. Apriorität ist bei Kant kein psychologisches, sondern ein erkenntnistheoretisches Merkmal, eine über alle Erfahrung hinausgehende und durch keine Erfahrung begründbare Allgemeinheit und Notwendigkeit der Geltung von Vernunftprinzipien. Kant untersucht die logischen Voraussetzungen des reinen Verstandes. Er fragt nicht nach ihrer Entstehung.[88] Wenn es objektive Erkenntnisse gibt, dann muß es auch ein vom Körper unabhängiges Verstandesvermögen geben, eine rein geistige Urteilsfähigkeit, die nicht der physischen Grundausstattung des Menschen zugerechnet werden kann. Als Körperwesen sind die empirischen Subjekte voneinander verschieden, als Verstandeswesen, unabhängig vom Körper, sind sie einander gleich. Aus der Existenz objektiver Erkenntnis leitet er analytisch, nicht genetisch ab, daß

88 Eine ausführliche Erörterung dieser Problematik findet sich bei Rudolf Wolfgang Müller, *Geld und Geist. Zur Entstehungsgeschichte von Identitätsbewußtsein seit der Antike*, Frankfurt am Main 1981.

es einen reinen, von körperlichen Empfindungen unabhängigen Verstand geben muß.

Fassen wir zusammen. Es gibt eine Form des Denkens, die unabhängig von gesellschaftlichen Standorten und unabhängig von den Interessen der einzelnen Erkenntnissubjekte Allgemeinheit und Denknotwendigkeit beansprucht. Sie bildet die Basis, auf der sich eine allgemeinmenschliche Vernunft, allgemeine Regeln des menschlichen Denkens, Kategorien der rationalen Weltauffassung und schließlich, und im Unterschied zu den natürlichen Sprachen, formalisierte, völlig eindeutige und folgerichtige Sprachsysteme herausbilden, grundlegende Formen des Bewußtseins, die von vornherein nichts Geschichtliches oder Gesellschaftliches erkennen lassen und die deshalb auf Maschinen implementiert werden können. Unbefriedigend allerdings bleibt die erkenntnistheoretische Figur eines Transzendentalsubjekts, das über allen empirischen Subjekten schwebt. Wir würden es nur allzu gerne auflösen, möchten aber nicht auf einen vorkritischen, vorkantschen Erkenntnisstand zurückfallen. Weder kann das Kantsche Transzendentalsubjekt in *der* Natur des Menschen, des Menschen *an sich*, gesucht werden. Sonst müßten die Menschen aller uns bekannten Ethnien über diese Form des Denkens verfügen. Das ist nicht der Fall. Noch kann es aus einer individuellen Körperlichkeit, einer Psyche, einem Gehirn abgeleitet werden. Und schon gar nicht handelt es sich beim Bewußtsein des transzendentalen Subjekts um die Äußerungsform einer wie auch immer gearteten metaphysischen Gottheit. All diese Erklärungswege sind seit Kant verschlossen. Worin aber besteht dann das Kantsche Transzendentalsubjekt? Wie kommt es in die Welt? Wie wird es von den empirischen Subjekten angeeignet?

8. Intersubjektivität (Norbert Elias, George Herbert Mead, Jean Piaget)

Norbert Elias, George Herbert Mead und Jean Piaget verfolgen auf unterschiedlichen Ebenen und mit unterschiedlichen Methoden eine ähnliche Fragestellung. Es geht um die Entstehung von Denkformen und Verhaltensweisen in den einzelnen Subjekten, die gleichwohl allgemeinen Charakter schlechthin besitzen und somit Gesellschaft konstituieren. Insofern haben sie schon thematisch eine Affinität zu Gotthard Günther.[89] Die Frage nach dem Entstehen eines der Bearbeitung der Frage selbst vorausgesetzten Denkens wendet die Frage auch gegen die Fragesteller. Hier wären Punkte der Ankoppelung des Denkens Gotthard Günthers an diese Fragen, um sie zugleich über gewisse Beschränkungen hinauszutreiben.

Die erkenntnistheoretische Figur des Kantschen Transzendentalsubjektes bezeichne eine erkenntnistheoretische Sackgasse, aus der es keinen Ausweg gibt. Es sei denn, sagt Norbert Elias, man verabschiedet die philosophische Fiktion des *homo clausus*, der als Erwachsener auf die Welt kommt, die Augen aufschlägt und Erkenntnis gewinnt ganz aus sich selbst heraus.[90] Der Prozeß der Menschwerdung sei ein zweifacher, für den einzelnen Menschen als Prozeß des Heranwachsens, für die Menschen zusammen als Prozeß der Menschheitsentwicklung. Für Elias bezeichnet der Prozeß des psychischen Erwachsenwerdens in den abendländischen Gesellschaften nichts anderes als den individuellen Zivilisationsprozeß, dem jeder Heranwachsende in den zivilisierten Gesellschaften als Folge des jahrhundertelangen gesellschaftlichen Zivilisationsprozesses von klein auf unterworfen wird. Man könne daher die Psychogenese des Erwachsenenhabitus in der zivilisierten Gesellschaft nicht verstehen, wenn man sie unabhängig von der Soziogenese unserer Zivilisation betrachtet. Nach einer Art von soziogenetischem Grundgesetz durchlaufe das Individuum während seiner kleinen Geschichte noch einmal etwas von den Prozessen, die seine Gesellschaft während ihrer großen Geschichte durchlaufen hat.[91]

Dieser Gedanke, daß sich die wichtigsten Etappen der Soziogenese in der Psychogenese wiederholen, findet sich auch bei Piaget. Nun mag man einwenden, daß es sich hierbei allenfalls um eine heuristisch fruchtbare Arbeitshypothese handeln kann, keinesfalls aber um eine Aussage über wissenschaftliche Tatsachen. Wie dem auch sei, in jedem Fall erlaubt sie, folgende Überlegung anzustellen: Wie muß die soziogenetische Phase in der Auseinanderset-

89 Zum Verhältnis von Norbert Elias und Gotthard Günther vgl. Hans-Peter Bartels, *Logik und Weltbild*, Opladen 1992.

90 Norbert Elias, *Über den Prozeß der Zivilisation. Soziogenetische und psychogenetische Untersuchungen*. Erster Band, Frankfurt am Main 1980, Seite XLVIII ff.

91 Ebd., Seite LXXIV.

zung der Menschheit mit ihrer Umwelt beschaffen sein, damit ihr in der Psychogenese des einzelnen Menschen die Periode abstrakter Logik und formaler Operationen als lebensgeschichtlich letzte und höchste Entwicklungsstufe entspricht?

Norbert Elias beschreibt Soziogenese als Zivilisierungsprozeß, dem psychogenetisch die Verinnerlichung äußerer Zwänge entspricht. Er tut dies am Beispiel der feudalen und frühbürgerlichen Gesellschaft.[92] Im Verlaufe dieser Entwicklung bilden sich soziale Figurationen heraus, die so stabil sind, daß sie schließlich in soziotechnische Figurationen überführt werden können. Zwänge und Normen, deren Verinnerlichung Elias beschrieben hat, können heute an Maschinensysteme abgegeben werden, so daß sich den Menschen, allerdings jetzt auf historisch höherer Entwicklungsstufe, neue Freiräume in ihrem Verhalten eröffnen. Die von Elias phylogenetisch diskutierten Verinnerlichungsprozesse werden von Piaget und Mead in ihrer ontogenetischen Dimension untersucht.

Hume hatte von drei Prinzipien, die die Vorstellungskraft des Menschen leiten, gesprochen, von dem Prinzip der Ähnlichkeit, des raumzeitlichen Zusammenhangs und der Kausalität. Sie seien universell und daher keiner weiteren Erklärung fähig. Befriedigt hat ihn dieser Verzicht auf eine weitergehende Erklärung jedoch nie. Kant, in kritischer Auseinandersetzung mit Hume, hat Raum und Zeit als Anschauungsformen der reinen Vernunft bezeichnet, als Anschauungsformen, über die der Verstand a priori verfügt. Sie werden, wie das Kausalprinzip, an die Tatsachen, Dinge und Vorgänge herangetragen. Mit Hilfe von Begriffen (den Kategorien der Quantität, der Qualität, der Relation und der Modalität), von Urteilen und Regeln ist es dem Verstand möglich, die Gegenstände der sinnlichen Wahrnehmung denkend zu erfassen.

Piaget nun benutzt die am höchsten entwickelten Formalstrukturen des reinen Verstandes, Logik und Mathematik, als begriffliches Instrumentarium, um die Struktur und Entwicklung menschlicher Denk- und Verhaltensweisen darzustellen.[93] Auch

92 Im einzelnen: Norbert Elias, *Engagement und Distanzierung. Arbeiten zur Wissenssoziologie I*, Frankfurt am Main 1983; ders., *Über den Prozeß der Zivilisation. Soziogenetische und psychogenetische Untersuchungen*. Zwei Bände, Frankfurt am Main 1980; ders., *Die Gesellschaft der Individuen*, Frankfurt am Main 1987.

93 Vgl. vor allem Jean Piaget, *Psychologie der Intelligenz*, Stuttgart 1984;

wenn er zubilligt, daß die Entwicklung des formalen Denkens biologisch fundiert sein mag, so ist für ihn doch ungleich wichtiger, daß sie sich in der Auseinandersetzung des heranwachsenden Menschen mit seiner Umwelt vollzieht. Für Piaget besteht das Charakteristikum des logischen Denkens darin, daß es operational ist, das heißt, aus dem Tun hervorgeht. Man habe manchmal den Fehler begangen, schreibt er gegen die Vertreter des Nativismus in der Denkpsychologie gerichtet, zu glauben, daß das Apriori in fertigen und am Anfang der Entwicklung schon bereit liegenden Strukturen verwirklicht ist. Zwar sei die invariante Funktion des Denkens schon in den primitivsten Entwicklungsstadien am Werk, doch dränge sie sich dem Bewußtsein erst nach und nach auf, und zwar durch die Ausprägung von Strukturen, die dieser Funktionsweise immer besser angepaßt sind. Das Apriori nehme die Form notwendiger Strukturen erst am Ende der Entwicklung an und nicht bereits an ihrem Beginn. Piaget unterscheidet dabei vier Phasen.

Die gegen Ende des ersten Lebenshalbjahres einsetzenden sensomotorischen Beziehungen zwischen Subjekt und Umwelt bilden den Ursprung der präverbalen, über bloße Reflexhandlungen hinausgehenden Intelligenz. An diese *sensomotorische* Periode (bis zum Lebensalter von zwei Jahren) schließt sich die *präoperationale* Periode an (zwei bis sieben Jahre). Sie erstreckt sich vom Erlernen der Sprache über die Ausbildung des symbolischen und vorbegrifflichen bis zu der des anschaulichen Denkens. In der Periode der *konkreten Operationen* (sieben bis zwölf Jahre) lernt das Kind, in Gedanken mit konkreten Objekten oder ihren Vorstellungen zu operieren. Sein Denken bleibt aber auf die eigenen konkreten Erfahrungen beschränkt. Es ist noch nicht fähig, mit Abstraktionen umzugehen. In der Periode *formaler Operationen* schließlich (ab dem elften Lebensjahr) lernt der heranwachsende Mensch, mit Operationen zu operieren, allgemeine Gesetze hinter einer Menge verwirrender Einzelfälle zu formulieren. Er kann der Form einer Argumentation folgen und vom Inhalt absehen.

Der Austausch des Individuums mit seiner sozialen Umwelt, wir können auch sagen, die Interaktion mit ihr, steht im Zentrum

ders., *Einführung in die genetische Erkenntnistheorie*, Frankfurt am Main 1981; ders. und Bärbel Inhelder, *Die Psychologie des Kindes*, Frankfurt am Main 1977.

der Arbeiten von George Herbert Mead.[94] Er rekonstruiert die Entwicklung des Denkens aus der Perspektive des sozial handelnden Subjekts. Stärker als bei Piaget wird dabei das Primat des sozialen, vor allem des sprachlich vermittelten Austausches betont. Für Mead hängt die Universalität, der geradezu unpersönliche Charakter reinen Denkens und der Vernunft damit zusammen, daß der heranwachsende Mensch im Verlauf seiner Psychogenese lernt, die Haltung anderer sich selbst gegenüber einzunehmen, und daß er schließlich in der Lage ist, alle diese Haltungen zu einer einzigen zu verdichten, zu der des »verallgemeinerten Anderen«. Am Beispiel des kindlichen Spiels und des Wettkampfes zeigt Mead, wie es im ständigen Prozeß von Rollentausch und Perspektivenwechsel zur Ausprägung des »verallgemeinerten Anderen« kommt. Der »verallgemeinerte Andere« ist die Universalisierung, die Objektivierung des Rollenhandelns. Insoweit nun in ihm invariante Merkmale allgemeinster kooperativer Handlungen aufgehoben sind, lassen sich diese durchaus auf Maschinen oder als Organisationsstruktur implementieren. Mathematisierung, Formalisierung, Operationalisierung könnten so als Schritte auf der Suche nach struktureller Invarianz, nach gesellschaftlicher Universalität und Objektivität interpretiert werden. Wir wollen die Figur des »verallgemeinerten Anderen« hier nicht überstrapazieren, aber sie läßt sich durchaus als sozialpsychologisches Gegenstück zum historischen Gottesbegriff oder zum Kantschen Transzendentalsubjekt denken.

Offensichtlich ist logisches Denken nur dort möglich, wo entsprechende Regeln und Normen als sozial verpflichtend anerkannt sind. Sowohl die Texte von Piaget als auch die von Mead legen eine solche Schlußfolgerung nahe. Nur in einer solchen Gesellschaft kann das Kind zur Mündigkeit des rationalen Diskurses aufsteigen. Es wäre, schreibt Piaget, sehr schwer einzusehen, wie Begriffe ohne Kooperation ihren gleichbleibenden Sinn und ihre Definition beibehalten könnten. Die Reversibilität des Denkens sei daran gebunden, daß sie im sozialen Austausch eingehalten wird. Die spezifische Gleichgewichtsform des logischen Denkens, wie sie in den zuvor erwähnten Gruppierungsgesetzen der formalen Strukturen vorliegt, werde nur dann erreicht, wenn die Gesellschaft keinen entstellenden Zwang auf das Individuum ausübt.

94 G. H. Mead, *Geist, Identität und Gesellschaft*, Frankfurt am Main 1973.

Mead, der das Hauptaugenmerk seiner Analyse auf die Interaktion zwischen Subjekt und *sozialer* Umwelt richtet, wird sogar noch deutlicher. Für ihn ist Geist nichts anderes als die Hereinnahme des gesellschaftlichen Prozesses ins Individuum. Der gesellschaftliche Prozeß bestehe zeitlich und logisch vor dem zu Bewußtsein gelangenden Individuum. Geist erwachse aus dem gesellschaftlichen Prozeß und entwickele sich in ihm, innerhalb der empirischen Matrix des gesellschaftlichen Zusammenspiels. Das, was an unserem Erkenntnisvermögen universal ist, könne deshalb auch nicht in der Biologie des Menschen liegen. Das, was wir *alle* sehen, schreibt Mead, ist das, was in universalen Begriffen ausgedrückt ist. Jeder aber habe seine eigene Sensitivität. Eine Farbe sehe für den einen anders aus als für den anderen. Hierbei handle es sich, so Mead, um Unterschiede, die auf spezifische Eigenschaften des Organismus zurückzuführen sind, im Gegensatz zu dem, was der Universalität entspricht. Bei einem Symbol zum Beispiel, wie es der Polizist auf der Straßenkreuzung beim Regeln des Verkehrs durch das Heben des Arms verkörpert, handele es sich um etwas, das außerhalb seiner selbst liegt. Es kann aus der Physiognomie des Arms heraus nicht erklärt werden. Am Beispiel des Verkehrspolizisten verdeutlicht Mead, wie absurd es wäre, Geist einfach aus der Sicht des einzelnen menschlichen Organismus zu erklären. Denn obwohl dort, physisch betrachtet, sein Sitz ist, handelt es sich bei ihm doch um ein wesentlich gesellschaftliches Phänomen.

Denkgesetze, daran besteht für Mead kein Zweifel, sind Abstraktionen gesellschaftlicher Beziehungen. Abstraktes Denken, seine Technik und Methode, sei letztlich gesellschaftlicher Natur. Das logische Universum ist für Mead ein System gemeinsamer gesellschaftlicher Bedeutungen. Das evolutionäre Auftreten des Geistes finde dann statt, wenn der gesamte gesellschaftliche Erfahrungs- und Verhaltensprozeß in die Erfahrung jedes der von ihm betroffenen Individuen hineingetragen wird und wenn die Anpassung des einzelnen an den Prozeß durch das Bewußtsein eben dieses Prozesses modifiziert und verfeinert wird. Aber offensichtlich gilt die von Mead genannte Bedingung für das Auftreten des Geistes nicht für jede Gesellschaft schlechthin. So lesen wir bei Piaget, daß im Unterschied zu unseren heutigen Gesellschaften die Logik der sogenannten primitiven Gesellschaften derartige formale Strukturen, wie sie das reine Denken auszeichnen, vermissen lasse. Er behandelt das formale Denken als höchste Stufe des Denkens, und Monokontexturalität erscheint als einzig mögliche Form ihrer Realisierung. Andere Formen können nur als defizitär begriffen werden. Erst die Günther-Logik, so scheint es, bietet eine Möglichkeit, dieser Stigmatisierung zu entkommen, weil sie den ihr zugrundeliegenden Sachverhalt auf der Ebene des formalen Denkens selbst zum Thema macht.

Ziehen wir eine Zwischenbilanz. Wir wissen jetzt, daß sich die empirischen Subjekte die Universalien bzw. Formen reinen Denkens in Auseinandersetzung mit ihrer physischen und sozialen Umwelt aneignen. Aber damit ist das Kantsche Transzendentalsubjekt nicht aufgelöst. Denn angeeignet werden Formen und Kategorien des Denkens, die ihnen vorgängig, die immer schon da sind. Noch nicht beantwortet ist die Frage, wie jener für die empirischen Subjekte zwingende Geltungscharakter reinen Denkens vorher zustande gekommen ist. Wie kommt er in die Welt? Und warum, um an Piaget anzuknüpfen, gilt er für einige Gesellschaften und für andere nicht?

9. Denkform und Warenform (Alfred Sohn-Rethel)

Alfred Sohn-Rethel[95] geht in seiner Analyse einen Schritt weiter. Er sieht die Entstehung des transzendentalen Subjekts, der logischen Formen des Denkens begründet in der Warenförmigkeit der gesellschaftlichen Beziehungen. Damit ist der Absolutheitsanspruch der abendländischen Denkweise negiert, sie wird zu einer historisch spezifischen Ausprägung möglicher menschlicher Denkformen. Gleichzeitig hält Sohn-Rethel diese Form der Logik für überlebt. In diesen beiden Punkten kommt er also, wenn auch auf völlig verschiedenem Wege, zu ähnlichen Resultaten wie Günther.

95 Alfred Sohn-Rethel, *Geistige und körperliche Arbeit. Zur Theorie der gesellschaftlichen Synthesis*, Frankfurt am Main 1970; ders., *Warenform und Denkform*, Frankfurt am Main 1978; ders., *Soziologische Theorie der Erkenntnis*, Frankfurt am Main 1985. Teilweise ähnliche Argumentationen finden sich bei: Bodo von Greiff, *Gesellschaftsform und Erkenntnisform*, Frankfurt am Main 1976; Wolfgang R. Müller, a.a.O.

Nach Sohn-Rethel hat die Soziogenese des transzendentalen Bewußtseins ihren Ursprung in der Art und Weise, wie Menschen sich gesellschaftlich aufeinander beziehen, wie sie ihr individuelles Handeln zu gesellschaftlichem Handeln synthetisieren, und dabei soziale Figurationen erzeugen, die ihrerseits wieder prägend auf die einzelnen Menschen zurückwirken. Denkbar und historisch nachweisbar sind durchaus unterschiedliche Typen gesellschaftlicher Synthese, aber nur ein Typus hat Formen reinen Denkens hervorgebracht, die im transzendentalen Bewußtsein ihre bislang höchste Ausprägung fanden: die Synthese durch Warentausch. Im Tausch, heißt es bei Sohn-Rethel, muß abstrahiert werden von allen physischen Eigentümlichkeiten der Waren. Im Tausch findet nichts statt, was die Physis der Dinge verändert. Der Tausch ist eine Handlung, die auf bloße Eigentumsbewegungen abzielt, also auf Veränderungen von rein gesellschaftlicher Signifikanz. Gleichwohl ist sie selbst ein höchst realer Vorgang. Sohn-Rethel spricht deshalb auch von einer Realabstraktion. Der Tauschakt, die Besitzübertragung der Ware, hat den gleichen Realitätsgehalt wie die physischen Veränderungen, die er ausschließt. Der Tausch, um real zu sein, muß den Gebrauch während des Tausches ausschließen. Von der Physis, der Natur der Ware muß hierbei abstrahiert werden. Von allem qualitativ Sinnlichen wird abgesehen, alles Wahrgenommene wird quantifizierenden Prinzipien unterworfen. Dieser Vorgang wird den Menschen ihrerseits zur abstrakten Natur, zur sozialen Realität.

Die Warenabstraktion hat ihren Ursprung im *Tun*, nicht im Denken der Menschen. Während die Begriffe der Naturerkenntnis Denkabstraktionen sind, ist der ökonomische Wertbegriff, wie Sohn-Rethel immer wieder betont, eine Realabstraktion. Zwar existiert er nur im menschlichen Denken, aber er entspringt ihm nicht. Er ist unmittelbar gesellschaftlicher Natur. Er hat seinen Ursprung in den zwischenmenschlichen Verkehrsbeziehungen. Nicht ihr Denken, ihr Handeln erzeugt diese Abstraktionen.

Der Austausch der Waren ist abstrakt, weil er von ihrem Gebrauch nicht nur verschieden, sondern zeitlich getrennt ist. Tausch- und Gebrauchshandlung schließen einander aus. Sohn-Rethel führt dazu aus: Solange Waren Gegenstand von Tauschverhandlungen sind, sich also auf dem Markt befinden, dürfen sie nicht in Gebrauch genommen werden. Während dieser Zeit unterliegen sie der Fiktion vollständiger physischer Unveränderlichkeit. Der Grund ist, daß die Tauschhandlung nur den gesellschaftlichen Status der Waren verändert. Um diese gesellschaftliche Veränderung ordnungsgemäß und nach den ihr eigenen Regeln vollziehen zu können, müssen die Waren von allen physischen Veränderungen ausgenommen bleiben. Zumindestens muß so getan werden, als ob es so sei. Deshalb kann Sohn-Rethel sagen, der Austausch sei abstrakt auch in der Zeit, die er in Anspruch nimmt.

Bereits die These Sohn-Rethels, daß die Abstraktionen ihren Ursprung im menschlichen Tun, nicht im Denken haben, ist erstaunlich. Noch erstaunlicher ist, daß damit nicht die Auseinandersetzung des Menschen mit der Natur, mit seiner physischen Umwelt, sondern mit seinesgleichen, mit seiner sozialen Umwelt gemeint ist. Die Abstraktionen, die im Tauschakt vorgenommen werden, finden in der sinnlich erfahrbaren Gestalt der Tauschobjekte keine Entsprechung. Was passiert, ist die Gleichsetzung von physisch völlig unterschiedlichen Waren in einer Tauschgleichung. Die Waren an sich sind nicht gleich, der Tausch setzt sie gleich. Im Tauschakt wird nicht die Gleichheit zweier Waren erzeugt, sondern ihre Gleichwertigkeit, ihre Äquivalenz. In dieser Realabstraktion, in der durch die Tauschhandlung erzeugten Äquivalenz vermutet Sohn-Rethel, verkürzt gesagt, die soziogenetische Grundlegung des mathematischen Äquivalenzbegriffes.

Folgt man dieser Argumentation, so stünde das Auftauchen rein mathematischen Denkens in seiner eigentümlichen Logik in jenem historischen Entwicklungsstadium menschlichen Zusammenlebens zu erwarten, in dem der Warentausch zum vorherrschenden Prinzip gesellschaftlicher Synthese wird, zu einem Zeitpunkt, der durch Einführung und Ausbreitung geprägten Geldes hervorstechen müßte. Und in der Tat läßt sich zeigen, daß der geldvermittelte Tausch von Äquivalenten eben zu jener Zeit und in jener Region entsteht, in der auch zuerst »vernünftige« Kantsche Subjekte entstehen. Der sorgfältigen Studie von Rudolf Wolfgang Müller läßt sich entnehmen, daß die griechische Kultur im sechsten Jahrhundert vor unserer Zeitrechnung das Geld ebenso erfindet wie die Logik, Äquivalente ebenso wie Kategorien. Identität und Widerspruch, Zahl und Quantität, Raum und Zeit gelten fortan als allgemeine Kategorien rationaler Weltauffassung. Die griechische Kultur, so scheint es, findet in der Tauschabstraktion die Grundfigur von Abstraktion schlechthin. Die Realabstraktion drängt den Geist zur Denkabstraktion. Logik wird zum Geld des Geistes. Hierin dürfte auch, steht zu vermuten, die tiefe Seelenverwandtschaft zwischen früher griechischer und späterer bürgerlicher Kultur ihre Wurzeln haben.

Der Ausschluß der Gebrauchshandlung während der Tauschhandlung und die Fiktion vollständiger physischer Unveränderlichkeit der Waren auf dem Markt haben nicht nur soziogenetische Bedeutung für die Äquivalenzrelation, sondern ebenso für weitere, der abstraktiven Kraft des Warentausches innewohnende Prinzipien, insbesondere für Raum und Zeit, für Ursache und Wirkung, Wesen und Erscheinung. Wir wollen das im Detail hier nicht weiter verfolgen, sondern statt dessen noch einmal auf ein scheinbares Paradoxon hinweisen, nämlich darauf, daß die Begriffsformen des exakten naturwissenschaftlichen Denkens nicht dort entstanden sind, wo sie heute ihre primäre Anwendung finden, nicht in der Produktion, sondern im Austausch, nicht dort, wo die Menschen eine Beziehung mit ihrer physischen Umwelt eingegangen sind, sondern mit ihrer sozialen. Diese Denkformen und -kategorien haben nirgends einen Sinn und können nirgendwo verstanden werden als unter »zivilisierten« Menschen, unter Menschen, die wissen, was Warentausch und Geld ist. Sie lassen sich unter dem Begriff des mechanischen Denkens zusammenfassen. Es sind Begriffe und Prinzipien des reinen Verstandes. Sie existieren nur im menschlichen Denken, aber sie entspringen ihm nicht. Sie entstammen einer Vorformung, welche bei Kant transzendental heißt. Während Kant aber diese Vorformung ins Bewußtsein, in den Intellekt oder Geist verlegt, ist das Bemühen Sohn-Rethels darauf gerichtet zu zeigen, daß sie geschichtlicher Natur ist und einer bestimmten Form des gesellschaftlichen Seins angehört. In ihr findet die reine Verstandestätigkeit, die der Mensch heute auf Maschinen zu implementieren sucht, ihre Form- und ihre Ursprungserklärung.

Die Frage, die sich aktuell stellt, ist, wo liegen die Ursachen dafür, daß dieses Denken gegenwärtig so vehement in Frage gestellt wird, ja, überhaupt gestellt werden kann, etwa in den Arbeiten von Derrida, Günther, Maturana, Sohn-Rethel und anderen.

Prinzipiell gibt es zwei Möglichkeiten der Erklärung. Einmal könnte auf Ethnien verwiesen werden, die über solche Formen des reinen Denkens, wie sie für Warengesellschaften typisch sind, nicht verfügen. Durch ein Wissen um solche Alternativen, wie es durch die moderne Ethnologie ermöglicht wurde, und Kontrastierung mit ihnen ließe sich die fraglos hingenommene Selbstverständlichkeit »zivilisierten« Denkens relativieren. Dieses Vorgehen hat allerdings einen gravierenden Nachteil. In der Regel neigen wir dazu, das »Denken der Wilden«, »wildes« Denken, als bloße Vorform, als historisch überwundene Stufe unseres eigenen Denkens anzusehen. Den »Wilden« stehe der soziogenetische Zivilisierungsprozeß, der sich für uns entsprechend der Piagetschen Entwicklungsfolge psychogenetisch wiederholt, noch bevor. Sie haben die höchste Stufe dieser Entwicklung, die Stufe der formalen Operationen, eben noch nicht erreicht. Von daher vermag ihr Beispiel zwar die Formen »zivilisierten« Denkens zu relativieren, aber nicht in Frage zu stellen.

Folgenreicher wäre die zweite Erklärungsmöglichkeit: Die Formen und Kategorien »zivilisierten« Denkens werden deshalb als historische durchschaubar und alternative Entwürfe lassen sich deshalb skizzieren, weil die ihnen zugrundeliegende Form gesellschaftlicher Synthese selbst an ihr historisches Ende gekommen ist und die prägende Kraft, die sie auf das Denken der Menschen ausübt, brüchig zu werden beginnt. Diese Deutung wird von Alfred Sohn-Rethel favorisiert. Ihm zufolge befinden wir uns gegenwärtig im Übergang von der Aneignungs- zur Produktionsgesellschaft.

Die Geltungsdauer der gesellschaftlichen Synthese, die uneingeschränkt auf Warentausch basiert, begrenzt Sohn-Rethel[96] auf einen Zeitraum, der etwa 1880 endet, also noch vor Erscheinen der bahnbrechenden Arbeiten von Gottlieb Frege, Albert Einstein und Max Planck. Deshalb könne Marx, so fügt er hinzu, die europäische Gesamtentwicklung noch zu Recht in Kategorien der politischen Ökonomie analysieren und beschreiben. Seit 1880 aber beginne sich die Konstellation der gesellschaftlichen Synthese zunehmend und grundlegend zu wandeln: Mit der Entwicklung der modernen Großchemie und der Elektrotechnik im letzten Drittel des vorigen Jahrhunderts wird die industrielle Produktion zur angewandten Wissenschaft. Der moderne Produktionsprozeß ist nichts anderes als die Nachbildung eines wissenschaftlichen Experiments auf erweiterter sozialer Stufenleiter. In der Technologie wird Naturerkenntnis unmittelbar sozial wirk-

96 Alfred Sohn-Rethel, *Geistige und körperliche Arbeit*, a.a.O.

sam. Technologie ist soziale Realität und verwirklicht reale Sozialität. Wir haben nicht erst eine gewisse Technik, die dann, wie die Verfahren des Technology Assessment unterstellen, sozial wirksam wird, sondern, so formuliert Heinz Hülsmann[97]: moderne Technologie, in der sich eine bestimmte Entwicklungsstufe der Auseinandersetzung des Menschen mit der Natur niederschlägt, ist als solche schon sozial formativ. In der Technologie erreicht der Vergesellschaftungsgrad der Arbeit eine Stufe, die der des wissenschaftlichen Denkens entspricht. In dieser Situation, gibt Sohn-Rethel zu bedenken, müsse das Verhältnis zwischen den ökonomischen und den technisch-wissenschaftlichen Implikationen der Produktionsweise neu durchdacht werden, müsse ein gemeinsamer Begriffsnenner für ihre Ökonomie und Technologie gefunden werden.

Nach Sohn-Rethel ist die Situation durch zwei Entwicklungstrends gekennzeichnet, auf der einen Seite durch eine zunehmende Ausdehnung (Weltmarkt) und kommunikativ vermittelte Beherrschung des Marktgeschehens (Kartellierung, Schaffung staatlicher und überstaatlicher Rahmenbedingungen). Diesen Aspekt, der üblicherweise Gegenstand der traditionellen politischen Ökonomie ist, bezeichnet Sohn-Rethel als marktökonomische bzw. machtpolitische Komponente der Entwicklung. Ungleich wichtiger ist ihm der zweite Aspekt, der Wandel der Produktionsweise selbst. Ihn bezeichnet er als innere Komponente der Entwicklung. Sie führe letztlich eine neue Form gesellschaftlicher Synthese herbei, eine neue Ökonomie, die Ökonomie der Zeit. Ihren Ursprung hat sie in der Technologie, durch sie wird sie erzwungen und exekutiert. In einem Produktionsprozeß, der der instrumentellen Anordnung eines wissenschaftlichen Experiments nachgebildet ist, nur eben in viel größeren Dimensionen, in solch einem Produktionsprozeß müssen sämtliche zum Betriebsgeschehen gehörigen, meist bis ins kleinste zerlegten Teilvorgänge zu einem räumlich und vor allem zeitlich aufeinander abgestimmten Systemganzen synchronisiert werden. Daß sich alles reibungslos ineinanderfügt, räumlich und zeitlich, darin äußert sich das regulative Prinzip des kontinuierlichen Produktionsprozesses.

97 Heinz Hülsmann, *Die technologische Formation*, Berlin 1985; ders., *Nietzsche und Odysseus*, München 1990.

Das Problem der Übergangsphase, in der wir uns nach Sohn-Rethel gegenwärtig befinden, besteht darin, daß die eine Stufe gesellschaftlicher Synthese, die Marktökonomie der Aneignungsgesellschaft, die gesellschaftliche Entwicklungsdynamik nicht mehr und die andere, die Zeitökonomie der Produktions- bzw. Arbeitsgesellschaft, sie noch nicht beherrscht. Die eine gesellschaftliche Synthese, schreibt Sohn-Rethel, läßt keinen Platz für eine zweite, so wenig wie das Universum Platz läßt für ein Pluriversum oder wie die Einzigkeit des Daseins eine Zweiheit oder Mehrheit erlaubt. Im Tauschakt dürfen die Waren keinen physischen Veränderungen unterworfen werden. Im Produktionsgeschehen ist das Gegenteil der Fall. Raum und Zeit bleiben dem Produkt hier nicht äußerlich, wie im Fall der Ware auf dem Markt. Die Zeitökonomie des modernen Produktionsprozesses entspringt nicht aus der Marktökonomie, sondern ist ihm inhärent. Ihm können nicht beliebige Stücke zugefügt oder fortgenommen werden. Er ist ein durchgegliedertes Ganzes. Eine größere oder kleinere Betriebskapazität erfordert, um ihr spezifisches zeitökonomisches Optimum erzielen zu können, ein ihr entsprechendes technologisches Gefüge. Diese technologische Eigengesetzlichkeit der Produktionsstruktur schränkt die regulative Wirksamkeit der Marktökonomie in zunehmendem Maße ein.

Nun ist gegen Sohn-Rethel in der Vergangenheit häufig eingewandt worden, er verallgemeinere einzelne moderne Produktionsverfahren vorschnell zu allgemein-gesellschaftlichen Trends.[98] Und in der Tat läßt sich ja zeigen, daß die Automatisie-

98 Alfred Sohn-Rethel, Stefan Breuer, Bodo v. Greiff, »Differenzen im Paradigmakern der Kritischen Theorie«, Teil II, in: *Leviathan* 2/1986; Harald Wohlrapp, »Materialistische Erkenntniskritik. Kritik an Alfred Sohn-Rethels Ableitung des abstrakten Denkens«, in: Jürgen Mittelstraß (Hg.), *Methodologische Probleme einer normativ-kritischen Gesellschaftstheorie*, Frankfurt am Main 1975; Alfred Sohn-Rethel, »Von der ›Apotheose des Taylorismus‹ zu seiner kritischen Liquidierung«, in: Heinz D. Dombrowski, Ulrich Krause, Paul Roos (Hg.), *Symposium Warenform – Denkform. Zur Erkenntnistheorie Sohn-Rethels*, Frankfurt am Main 1978; Matthias Greffrath, *Die Zerstörung der Zukunft. Gespräche mit emigrierten Sozialwissenschaftlern*, Frankfurt am Main 1989; Jost Halfmann, Tilmann Rexroth, *Marxismus als Erkenntniskritik*, München 1976; Hans-Peter Krüger, *Kritik der kommunika-*

rung technologischer Produktionsprozesse sehr unterschiedlich verlaufen und durchaus über unterschiedliche Flexibilitätsgrade verfügen kann, je nachdem ob es sich um die Automatisierung von Fließprozessen handelt (Schüttgüter, Flüssigkeiten, Gase; Fließ- oder Chargenprozesse), um die Automatisierung von Stückgutprozessen oder von Handhabungsprozessen. Und in neueren Organisationskonzepten wird ja auch versucht, Flexibilitätszonen in die Produktion einzubauen und theoretisch zu begründen, sei es durch Rekurs auf Maturanas Konzept der Autopoiese oder auf Gotthard Günthers Konzept polykontexturaler Systeme. Unseres Erachtens treffen die Einwände der Kritiker jedoch nicht eigentlich das, worum es Sohn-Rethel geht. Was er zeigen will, ist, daß aufgrund der Eigentümlichkeit technologischer Verfahren Sachzwänge erzeugt werden, die, eine solche Anlage erst einmal in die Welt gesetzt, irreversibel sind. Es läßt sich darüber streiten, ob eine Crackanlage, ein Hochofen oder was auch immer gebaut werden soll; ist die Entscheidung für den Bau aber erst einmal gefallen, so spricht die Logik der Anlage für einen 24stündigen Betrieb.

Während Sohn-Rethel sich zu sehr auf die Prozesse der eigentlichen Produktion konzentriert, kann seine Position noch auf eine andere Weise indirekt verstärkt werden: Die gegenwärtig massive Ausdehnung der Produktionslogik auf unternehmensübergreifende Zusammenhänge, auf Zirkulation und Dienstleistungssektor. »Warenwirtschaftssysteme«, »Logistik«, »Just-in-time-Produktion«, »flexible Fertigung«, »Verringerung der Fertigungstiefe« etc. sind Stichworte eines Prozesses, den man zusammenfassend als »Industrialisierung der Marktbeziehungen« bezeichnen kann.[99]

Der Motor dieser Entwicklung liegt in den Rationalisierungsstrategien der *Einzel*unternehmen. Nachdem die Rationalisierungsbemühungen sich lange konzentriert hatten auf die eigentliche Produktion, sind in den letzten Jahren die Rationalisierungsreserven zwischen den einzelnen Produktionsschritten in den Blick genommen worden. Sie zielen auf die Transportwege, die

tiven Vernunft. Kommunikationsorientierte Wissenschaftsforschung im Streit mit Sohn-Rethel, Toulmin und Habermas, Berlin (Ost) 1990.

99 Eggert Holling und Peter Kempin, *Identität, Geist und Maschine*, Reinbek 1989, Seite 139ff.

Lagerhaltung der Güter, Beschaffung und Verkauf etc. Allgemeiner ausgedrückt: Wir haben es mit einer Welle von Rationalisierungen in den Bereichen der Distribution und Dienstleistungen zu tun, deren Ende noch lange nicht absehbar ist.

Diese Konzentration auf die *Bewegungen* von Gütern verschiebt die Perspektive von dem innerbetrieblichen Bereich auf den zwischenbetrieblichen. Güterbewegungen machen vor Unternehmensgrenzen nicht halt, sind gesamtwirtschaftliche Bewegungen. Die Betriebe oder Unternehmen sind lediglich einzelne Stationen auf dem Weg der Güter durch die Wertschöpfungskette von der Rohstofferzeugung bis zu den Konsumenten. Zur Kontrolle der Güterströme ist es unerläßlich, den Weg der Güter durch die verschiedenen Unternehmen hindurch abzubilden und zu verfolgen. Obwohl einzelwirtschaftlich motiviert, entstehen hier unternehmensübergreifende Metastrukturen. Hierbei werden Instrumente entwickelt, die zu einer gesellschaftsumfassenden Kontrolle und Steuerung von Austauschbeziehungen geeignet sind, somit paradoxerweise Instrumente, die die bisherigen Planwirtschaften nie in befriedigender Weise entwickelt haben und deren Fehlen einer der Gründe für das Scheitern der Planwirtschaften gewesen ist.

Technische Grundlage für die Industrialisierung der Austauschbeziehungen ist zunehmend die Computertechnologie. Erst sie ist in der Lage, die komplexe Fülle der Daten zu verarbeiten, die zur Erfassung und Steuerung der Güter auf ihren Wegen benötigt werden. Damit die Güter auf ihrem Weg durch die Wertschöpfungsketten erfaßt und gesteuert werden können, muß ihre Identität eindeutig durch die Computersysteme erfaßt werden. Ein Beispiel für die Identifizierung von Waren aus dem Konsumbereich ist der »EAN-Code« (Europäische Artikel-Nummer). Es handelt sich um den bekannten Strichcode, der inzwischen auf den meisten Artikeln des täglichen Bedarfs aufgedruckt ist.[100]

Die Erfassung der Identität der Güter setzt einen Informationsfluß zwischen dem Ort des Endverkaufes über Zwischenhändler oder Lager bis zum Hersteller in Bewegung. Herstellung und Verbrauch werden flexibel und effizient miteinander rückgekoppelt. Endverkauf, Zwischenhandel, Transport und Produktion ver-

100 Vgl. Arno Bammé, »Der EAN-Code«, in: Wilhelm Berger, Ada Pellert (Hg.), *Der verlorene Glanz der Ökonomie*, Wien 1993, Seite 309 ff.

schmelzen so tendenziell zu einer organisatorischen Einheit, ohne dabei ihre rechtliche Unabhängigkeit aufgeben zu müssen. Dennoch sind die Beziehungen zwischen den rechtlich weiterhin selbständigen Wirtschaftssubjekten nicht mehr dieselben. Sie werden industrialisiert, das heißt, sie unterliegen zunehmend den gleichen Effizienzkriterien wie die innerbetrieblichen Prozesse.

Was sich hier abzuzeichnen beginnt, ist ein Warenwirtschaftssystem, das auf einer anderen Grundlage beruht und sich durch andere Eigenschaften auszeichnet als das bisherige. Basis des bisherigen ist der Wert. Selbständige, auf eigene Rechnung produzierende oder Handel treibende Unternehmen sind über den Markt miteinander verbunden. Der Wert vermittelt den Austausch zwischen ihnen. Zugleich legt er die ökonomischen Grenzen der Unternehmen fest, die juristisch durch die Eigentumsverhältnisse definiert sind. Ein System nun, dessen Vernetzungszusammenhang auf der Identität der Gebrauchswerte beruht, kann solche Grenzen mühelos überwinden. Vorausgesetzt ist allerdings eine Technologie, die Informations- und Kommunikationstechnologie, die diese Möglichkeiten einer anderen Vernetzung auch realisieren kann.

Der Markt wird dadurch nicht überflüssig. Aber er bekommt eine andere Bedeutung. Im Sinne eines technischen Instruments indiziert er Bedürfnisse in der Bevölkerung und er zeigt an, ob in der Produktion tatsächlich nach dem Prinzip der Zeitökonomie verfahren wird. Abgesehen davon, daß er wie jedes technische Instrument suboptimal eingesetzt werden kann, ist seine soziale Bedeutung gegenüber früher grundsätzlich reduziert. So werden Bedürfnislagen von gesellschaftlicher Tragweite, zum Beispiel Investitionen in die Raumfahrt, nicht durch den Markt indiziert. Und die Ergebnisse, die sich aus Marktvergleichen hinsichtlich konkurrierender technologischer Verfahren ergeben, gehen nur als ein Aspekt unter anderen in die Entscheidungsfindung ein. Das für die Marktökonomie konstitutive Prinzip, die Äquivalentenlogik, verliert an Bedeutung. Es wird dort, wo man sich noch darauf beruft, immer mehr zur Fiktion oder, wie Baudrillard[101] formuliert, zum Simulakrum.

Die gegenwärtige Situation ist laut Sohn-Rethel dadurch gekennzeichnet, daß kein effektives Regulativ der gesellschaftlichen

101 Jean Baudrillard, *Der symbolische Tausch und der Tod*, München 1982.

Reproduktion vorhanden ist: Die Marktökonomie versehe diese Funktion nicht mehr, weil die durch die Technologie moderner Produktionsanlagen gesetzten Sachzwänge ihrer regulativen Gewalt spottet, und die technologische Eigengesetzlichkeit ihrerseits erfülle die fehlende Funktion noch nicht, weil die private Profitwirtschaft sie hindert, ihr gesellschaftlich-synthetisches Potential zu entfalten.

In dem Maße, wie die gesellschaftliche Synthese durch Warentausch abgelöst wird von einer Gesellschaftsformation, die anderen Syntheseprinzipien folgt, in dem Maße müßte auch eine neue Logik entstehen, vermutet Alfred Sohn-Rethel.[102] Er selbst fühlt sich überfordert, eine Antwort darauf zu geben, wie diese Logik auszusehen habe und verweist lediglich auf Wandlungen im physikalischen Weltbild, die sich an Namen wie Albert Einstein oder Max Planck knüpfen. Es kann als sicher gelten, daß weder Gotthard Günther die Arbeiten Sohn-Rethels, noch Sohn-Rethel die Gotthard Günthers gelesen hat. Und so dürfte beiden entgangen sein, daß sich ihre Schriften wechselseitig ergänzen. Statt auf Einstein und Planck hätte Sohn-Rethel mit mehr Berechtigung auf den Entwurf einer transklassischen Logik Gotthard Günthers verweisen können.

10. Künstliche Intelligenz (Symbolverarbeitung, Konnektionismus, Polykontexturalität)

Abgesehen von der Philosophie Hegels steht Günthers Werk vor allem unter dem Einfluß jener Wissenschaftler, mit denen er im Laufe seiner Tätigkeit am Biological Computer Laboratory (BCL) in Berührung kam: Heinz von Foerster, Warren S. McCulloch, William Ross Ashby, Humberto R. Maturana, Lars Löfgren, um nur einige zu nennen. Das BCL war eines jener Forschungszentren, die es sich zur Aufgabe stellten, das Phänomen des Lebens und der Intelligenz zu erforschen, zu modellieren und technisch zu simulieren.

Die dabei praktizierte Interdisziplinarität ist ein deutlicher

102 Alfred Sohn-Rethel, *Geistige und körperliche Arbeit*, a.a.O., Seite 164 ff.

Hinweis darauf, daß spätestens seit den Tagen der Kybernetik die klassische Einteilung in Geistes- und Naturwissenschaft hinfällig geworden ist.[103] Spuren eines solchen Denkens lassen sich in der abendländischen Geistesgeschichte schon an anderen Stellen finden, etwa in der Dialektik Hegels, dem um Zirkularitäten kreisenden und gegen das Identitätsdenken anringende Bemühen Heideggers, der Grammatologie Derridas, der Psychoanalyse Freuds.

Der Versuch, auf dem Gebiet der »Künstlichen Intelligenz« (KI) subjektive Handlungsstrukturen konstruktiv zu reproduzieren, bedarf eines grundlagentheoretischen Zugriffs. Es geht um die reflexionslogischen und epistemologischen Voraussetzungen, unter denen sich Kognition ereignet. Damit wird der Boden der Philosophie betreten, zum Beispiel in der Frage danach, auf welchem Weg der Mensch zur Erfahrung der Welt gelangt, in welchem Verhältnis sich Denken und Sein verstehen lassen. Ein Besinnen auf diese Grundlagen ist um so notwendiger, als sich innerhalb der aktuellen KI-Diskussion eine gewisse Stagnation breit macht. Erzielt die pragmatische und industrielle Anwendung der KI zwar Erfolge in Robotik, Design und Rechnertechnologie, so verhält es sich auf theoretischem Gebiet eher umgekehrt, wenn es sich darum handelt, die Grundlagen eines maschinalen Nachvollzugs kognitiver Strukturen und Leistungen zu erhellen. Die Euphorie der fünfziger und sechziger Jahre ist deutlich verklungen, und damit scheinen auch die grundlegenden Theoreme der Gründerzeit ihre Attraktivität eingebüßt zu haben.[104]

Zwei Modelle bzw. Paradigmen beherrschen derzeit die KI-Forschung. Das eine Modell, das Paradigma der Symbolverarbeitung, läßt sich zu der von Allan Newell und Herbert A. Simon formulierten Physical Symbol System Hypothesis (PSSH) verdichten.[105] Die Grundannahme der PSSH ist, daß Gehirn und

103 Vgl. Karl Leidlmair, *Natur und Geist – ein nicht hintergehbares Verhältnis? Heidegger oder künstliche Intelligenz?* Klagenfurter Beiträge zur Technikdiskussion, Heft 12 (1988).

104 Die Erforschung künstlicher Intelligenz ohne eine Theorie der Subjektivität sei von vornherein zum Scheitern verurteilt, begründet Steffen Heise seine Auseinandersetzung mit der Günther-Logik: *Analyse der Morphogrammatik von Gotthard Günther*. Klagenfurter Beiträge zur Technikdiskussion, Heft 50 (1991).

105 Vgl. Allen Newell, Herbert A. Simon, »Computer Science as Empiri-

Computer trotz verschiedener Architektur auf einer bestimmten Abstraktionsebene gleich funktionieren. Beide werden als Repräsentations- und Relationsmechanismen von Symbolen verstanden. Das menschliche Gehirn wird als informationsverarbeitende Maschine angesehen. Es wird als Prämisse gesetzt, daß Denken und Verstehen von Welt sich als innersystemische Abbildung externer Daten ereignen. Dabei ist nicht an eine schlichte Eins-zu-eins-Übertragung gedacht, sondern es werden mit Hilfe eines Transformationsgefüges komplizierte und komplexe Inhalte der Wirklichkeit in atomistische Komponenten zerlegt, die dann der Symbolverarbeitung zur Verfügung stehen. Das zentrale Stichwort dieses Modells ist daher die *Repräsentation*.

Während der Ansatz der Symbolverarbeitung von der Architektur des menschlichen Gehirns völlig abstrahiert, macht der Konnektionismus, das zweite Modell, gerade diese Architektur zu seinem Thema. Das Gehirn als neuronales Netzwerk wird zum Vorbild der Rechnerarchitektur genommen, um die im natürlichen Bereich vorgefundene Funktionsweise zu modellieren. Die Grundidee ist, ein Netzwerk, bestehend aus miteinander verbundenen Einheiten, durch einen Input zu aktivieren, wobei diese Einheiten je nach ihrem Aktivierungsgrad die ihnen zugeleiteten Signale verstärken oder abschwächen. Stabile Konfigurationen dieses »pulsierenden Netzwerks« lassen sich als Lösungen des durch den Input spezifizierten Problems interpretieren.[106]

Die Dynamik des Konnektionismus ist in der Freiheit begründet, die er sich methodologisch gegenüber dem Endprodukt einräumt. Ihm geht es nicht darum, eine logische Struktur zu finden oder zu implementieren, welche einem bestimmten Problem gewachsen ist. Sondern es geht ihm darum, zu ergründen, welche Art von Systemen eine bestimmte Eigenschaft entwickeln kann. Seine Dynamik ist nicht auf ein symbolgestütztes Problemlösen ausgerichtet, sondern intendiert ein eigengeschichtliches Lernen der Maschine.

In der Auseinandersetzung zwischen dem Konnektionismus

cal Inquiry«, in: J. Haugeland (Hg.), *Mind Design*, Montgomery 1981, Seite 35-66.

106 Vgl. William Bechtel, Adele Abrahamsen, *Connectionism and the Mind. An Introduction to Parallel Processing in Networks*, Cambridge 1991.

und der PSSH zeigt sich in der KI-Forschung in letzter Zeit eine zunehmende Hinwendung zum Konnektionismus. In Gestalt des *Parallel Distributed Processing* gewinnt er gegenüber der Symbolverarbeitung an Bedeutung. Allerdings kann auch er nicht dem Problem entkommen, zu klären, auf welchem Wege Konzepte gespeichert werden, wie sich Repräsentationen nicht-symbolisch erklären und verarbeiten lassen, denn der von ihm eingeschlagene Weg führt, sofern man das Symbol bzw. die *unit*, die Einheit, als atomistisches Elementarteilchen versteht, in einen »subatomaren« Bereich.

Ist die *unit* eine streng lokale Repräsentation, dann bricht die Netzwerktheorie diese lokale Unität auf. Sie erfaßt Bedeutung und Repräsentation als die jeweilige Aktivierung, Verstärkung bzw. Abschwächung unterschiedlicher subsymbolischer Einheiten, die ihre Bedeutung im Gesamt des Netzwerkes erhalten. Repräsentation ereignet sich als Zusammenspiel dieser Einheiten, die, über das Netzwerk verteilt, erst in ihrem speziellen Zusammenspiel semantischen Gehalt, symbolischen Charakter annehmen können. Zwar kommt dieses Modell gewissen Funktionsweisen des menschlichen Gehirns näher, doch ist im Rahmen der ingenieurswissenschaftlichen KI nach wie vor offen, wie eine solche subsymbolische Mechanizität zu implementieren sei, das heißt, es stellt sich nun die Frage nach einem adäquaten Formalismus.

Formalisierungen arbeiten als Abstraktionsstufen immer noch auf der Basis einer Semantik, das heißt, sie sind grundsätzlich immer noch repräsentational. Zugespitzt formuliert, ließe sich das Problem somit als das einer *repräsentationsfreien Repräsentation* fassen, die jedoch auf dem Boden der klassischen Logik, die immer eine Wertlogik ist, nicht konzipierbar ist. Ansätze, die Wertgebundenheit der Logik zu verlassen, etwa der *calculus of indication* von Spencer Brown oder dessen Erweiterung durch Varela, vernachlässigen eine fundamentale Bedingung von Kognition: die Selbstreferentialität. Für einen adäquaten Kalkül stellt sich eine doppelte Forderung: sowohl repräsentationsfrei »repräsentieren« zu können als auch Selbstbezüglichkeiten antinomiefrei abbilden zu können.

Will man dieser Forderung gerecht werden, aber von der formalen Logik nicht Abschied nehmen, so bietet sich als Ausweg nur, die Absolutheit der Logik, das heißt, ihren universalen Anspruch, von *einem* Zentrum aus gültig zu sein, zugunsten einer Vielheit von Ursprüngen aufzugeben. Wie im zweiten Kapitel dargestellt, hat Günther dieser pluralen, heterarchischen Verortung der Logik sein Konzept der Polykontexturalitätstheorie gewidmet. Es läßt sich als eine mehrwertige Logik in dem Sinne verstehen, daß die eine und allgemeingültige Logik (das heißt, die Monokontextur) ihre polykontexturale *Dissemination* erfährt. Dies könnte ein Weg sein, Selbstbezüglichkeiten antinomiefrei darzustellen. Gotthard Günther bietet mit der Kenogrammatik einen Kalkül an, der, ohne selbst repräsentational zu sein, die Genese der Repräsentation darzustellen vermag. In seinen Arbeiten weist er immer wieder darauf hin, daß das Bemühen, die Grenzen der klassischen Logik zu überschreiten, nicht einer philosophischen Laune, sondern den technisch-logischen Bedürfnissen der Kybernetik und KI-Forschung entspringt; das Phänomen »Selbstbewußtsein« zu beschreiben oder gar zu simulieren, zwingt zu diesem Schritt.

Vom Standpunkt Gotthard Günthers erscheint die derzeitige Diskussion um die Erfüllbarkeit der Ziele der KI-Forschung in einem neuen Licht. Die Argumente sowohl der Kritiker als auch der Verteidiger der KI-Forschung drehen sich auf dem Boden der klassischen Logik im Kreise. Die Strategien wechseln. Wurden in der Vergangenheit Maschinen kognitive Fähigkeiten, zum Beispiel daß Schachcomputer Großmeister schlagen können, schon aus grundlagentheoretischen Überlegungen heraus abgesprochen, so wird nun auf die unterschiedliche Art und Weise, in der sich diese Fähigkeiten bei Menschen und Computern äußern, hingewiesen. Der Schachcomputer errechnet sich die zum Erfolg führenden Züge aufgrund seiner gewaltigen Rechenkapazitäten, der Großmeister erarbeitet sie sich intuitiv durch strategische Überlegungen. Dabei rechtfertigen praktische Kriterien die Bezeichnung »intelligente Maschine«, ohne auf die Frage einzugehen, ob der maschinelle Prozeß, der zur Lösung eines bestimmten Problems führt, mit dem menschlichen strukturell identisch ist oder nicht. Gotthard Günthers Kritik der klassischen und sein Entwurf der polykontexturalen Logik könnten diesen Diskurs wieder fruchtbarer machen, einerseits als Erweiterung des theoretischen Zugangs zu Begrifflichkeiten wie zum Beispiel »Selbstbezüglichkeit« oder »Subjektivität«, andererseits als Instrument der logischen Modellierung. Damit ist nicht gesagt, daß die polykontexturale

Logik alle Probleme löst, wohl aber kann sie neue Rahmenbedingungen aufzeigen. Günthers Logik ist technisch nicht realisiert, und an ihrer formalen Gestalt wird noch gearbeitet. Auch wenn die Antwort auf die Frage, inwieweit die polykontexturale Logik bereits die Form eines präzisen formalen Kalküls angenommen hat oder ob sie bloß ein Programm darstellt, einen derartigen Kalkül zu finden, zunächst offen bleiben mag, so weist Gotthard Günther doch zumindest einen radikal neuen Weg auf, sich diesem Problemfeld der KI zu nähern, ein Weg, der mit der bisher vertrauten abendländischen Tradition logischen Denkens bricht.

Schlußbemerkung

Ausgangspunkt im Schaffen Gotthard Günthers ist die Hegelsche Logik. Sie zu operationalisieren, sie in eine formale, auf Maschinen implementierbare Symbolform zu überführen, darin besteht letztlich sein Lebensziel.

Die Entscheidung darüber, ob es gelingen wird, ist letztlich nur empirisch, nicht spekulativ und vorab zu fällen. Das von Günther lebenslang verfolgte Forschungsprogramm bildet gleichsam eine Schnittstelle zwischen der Geschichtsphilosophie Oswald Spenglers, der biologischen Epistemologie Humberto Maturanas und neueren Ansätzen in der Erforschung und Implementierung künstlicher Intelligenz auf Maschinen. Diese Schnittstellenfunktion ist nicht zufällig. Sie ist in der Lebensgeschichte Günthers begründet. In dem von Heinz von Foerster geleiteten Biological Computer Laboratory im Urbana der sechziger Jahre hat es über zwei Jahrzehnte hinweg eine sehr intensive Kooperation zwischen Wissenschaftlern unterschiedlicher Disziplinen gegeben.

Einer breiteren Rezeption der Texte Gotthard Günthers hat bisher entgegengestanden, daß zu ihrem Verständnis wenigstens zwei Kompetenzen erforderlich sind: Grundkenntnisse der Philosophie und der mathematischen Logik. Zudem sind seine Schriften, die er in deutsch, später in englisch publizierte, über verschiedene Erscheinungsorte verstreut. Sein Nachlaß befindet sich in Berlin (Stiftung Preußischer Kulturbesitz) und Salzburg (Paris-Lodron-Universität). Um die Rezeption des Güntherschen Werkes zu fördern, hat deshalb eine interdisziplinär zusammengesetzte Gruppe unter dem Namen *Kurt Klagenfurt* beschlossen, den vorliegenden Einführungstext zu verfassen. Der Gruppe gehören an *Arno Bammé* (Sozialwissenschaftler, Klagenfurt), *Wilhelm Berger* (Philosoph und Soziologe, Klagenfurt), *Joachim Castella* (Germanist, Bochum), *Eggert Holling* (Informatiker und Soziologe, Berlin), *Rudolf Kaehr* (Kybernetiker, Witten/Herdecke), *Ernst Kotzmann* (Mathematiker, Klagenfurt), *Ulrike Oberheber* (Philosophin und Mathematikerin, Klagenfurt). Die einzelnen Mitglieder der Projektgruppe setzen damit Arbeiten fort, die sie zum Teil in identischen, zum Teil in anderen Arbeitszusammenhängen begonnen haben.[107]

Das von der Gruppe getragene Forschungsprojekt »Technologische Zivilisation und transklassische Logik« existiert seit nunmehr fünf Jahren. Zu Beginn gehörten der Gruppe noch Joseph Ditterich (München) und Peter Kempin (Berlin) an. Abgesehen von zentralen Bereichen innerhalb der Naturwissenschaften, in denen Forschungsprojekte ein Arbeiten im Team erforderlich machen, zählt dieser Arbeitsstil, insbesondere beim Publizieren von Forschungsresultaten, im Bereich der Geistes- und Sozialwissenschaften eher zur Ausnahme. Wenn sich also sieben Wissenschaftler und Wissenschaftlerinnen zusammentun, um in einer Monographie das Werk Gotthard Günthers aufzuarbeiten, dann müssen, um die Gruppe arbeitsfähig zu halten, bei der Formulierung der Ergebnisse Kompromisse eingegangen werden. Darauf nicht hinzuweisen, stünde im Gegensatz zu dem von der Gruppe vertretenen Anspruch, auch Widersprüche zuzulassen. Deshalb mag es für den Leser hilfreich sein, etwas über die unterschiedlichen Zugänge der einzelnen Autoren bzw. der Autorin zu erfahren, ohne sich dabei in Details zu verlieren.

In der Gruppe wird einmal die Position vertreten, daß Günthers Ansatz auf der Theorieebene im wesentlichen abgeschlossen sei. Der formale Apparat sei so weit entwickelt, daß sowohl an seiner Weiterführung, Verfeinerung und Verallgemeinerung als auch an seiner Anwendbarkeit, insbesondere an seiner Implementierung auf Maschinen (»Transputer«) gearbeitet werden könne.

Demgegenüber steht die Auffassung, daß die polykontexturale Logik in ihrer formalen Darstellung wesentliche Defizite aufweist und daher einen Teil ihrer Versprechungen noch nicht einlösen kann. Die zentrale Bedeutung des Güntherschen Programms, aus einer vorgegebenen Ontologie eine ihr entsprechende formale Logik zu entwickeln, bleibt aber unbestritten. Im Gegensatz zur ersten Position will man sich nicht so sehr neuen Anwendungen

107 Vgl. Arno Bammé, Günter Feuerstein, Renate Genth, Eggert Holling, Renate Kahle und Peter Kempin, *Maschinen-Menschen, Mensch-Maschinen. Grundrisse einer sozialen Beziehung*, Reinbek 1983; Arno Bammé, Peter Baumgartner, Wilhelm Berger und Ernst Kotzmann (Hg.), *Technologische Zivilisation*, München und Wien 1987; Eggert Holling, Peter Kempin, *Identität, Geist und Maschine. Auf dem Weg zur technologischen Zivilisation*, Reinbek 1989.

verschreiben, sondern sich zuallererst um eine präzise und verständliche Formulierung der formalen Grundlagen der Güntherschen Theorien bemühen.

Neben diesen beiden kontroversen Standpunkten wird zusätzlich eine weitere Meinung vertreten: Der Formalapparat von Günthers Logik sei zwar wichtig und nicht zu übergehen, *inhaltlich* weitaus interessantere Probleme lassen sich aber auf Basis seiner Philosophie – was wesentlich wichtiger ist – (zumindest) deskriptiv beschreiben und diskutieren. Günther als Philosoph, insbesondere als Technikphilosoph steht dabei im Mittelpunkt des Interesses. Die Faszination, die seine Philosophie ausübt, führt zu neuen inhaltlichen Fragestellungen, vernachlässigt aber die formal-logische Seite seines Ansatzes.

Bei aller Gegensätzlichkeit, eines jedoch ist unbestritten: Die besondere Qualität des Werkes von Gotthard Günther besteht darin, daß es die Ankoppelung unterschiedlicher Disziplinen und Standpunkte an einer zentralen Schnittstelle aktueller Theoreme und Praktiken erlaubt. Die Themen, die aus dieser Ankoppelung folgen, gewinnen ihrerseits an Aktualität. Deshalb ist zu erwarten, daß die zunehmende Rezeption des Werkes von Gotthard Günther zu fruchtbaren Kontroversen führen wird.

Glossar

Das Glossar soll dem Leser eine erste Annäherung an gewisse grundlegende Begriffe der Güntherschen Theorie erleichtern, die wir in diesem Buch verwenden, und beansprucht daher in keiner Weise, vollständig zu sein. Es ist auch zu beachten, daß die Bedeutung der Begriffe sich im Verlauf der Theorieentwicklung Gotthard Günthers gewandelt haben.

Designation / designierender Wert: In der Logik wird zwischen designierenden und nicht-designierenden Werten unterschieden. Designierende Werte repräsentieren gemäß des Zusammenhangs zwischen Logik und Ontologie das Sein. Demgemäß entspricht in der zweiwertigen Logik der Wert »wahr«, »positiv« oder »1« dem designierenden Wert. In mehrwertigen Logiken kommt es zu einer Hierarchie der designierenden Werte. So ist für die im vorliegenden Text erwähnte Logik mit den drei Werten I, R, T der Wert I designierend für die Kontexturen A und B, der Wert R ist designierend für die Kontextur B und nicht-designierend für die Kontextur A.

Doppelthematik: Gotthard Günther unterscheidet zwischen der Ebene des irreflexiven Seins (I) und der Reflexion des Seins (R). »R« kann nun ihrerseits reflektiert werden. Die Reflexion von »R« ist »D«. »D« steht, wie im vorliegenden Text ausgeführt, für »doppelthematisch«, denn es reflektiert »R«, wie es »I« denkt. Das heißt, auch »I« taucht hier wieder auf, aber als Gedachtes, also in einer anderen Bedeutung, als wenn »R« »I« reflektiert. Der Wert »D« ist für beide Kontexturen B und C nicht-designierend.

Heterarchie / Hierarchie: Für Gotthard Günther entsteht Komplexität durch die Verbindung von Hierarchie und Heterarchie. Ein System ist dann *hierarchisch*, wenn es eine pyramidenförmige Ordnung aufweist, das heißt, Subsysteme sind in dieser Ordnung in eindeutiger Weise verbunden. Ein System ist dann *heterarchisch*, wenn mindestens zwei verschiedene Subsysteme auf zwei verschiedene Weisen miteinander verbunden sind. In Heterarchien ist folgende Relation möglich, die in einer Hierarchie unmöglich wäre: A rangiert vor B, B rangiert vor C, C rangiert vor A.

Kenogrammatik: Mit der Kenogrammatik versucht Gotthard Günther eine reine Strukturtheorie zu entwickeln (»kenos« heißt »leer«). Dabei abstrahiert er den üblichen Zeichenbegriff, wie er in der Semiotik und in der Theorie formaler Systeme verwendet wird. Das Zeichen wird zum »Keno«, zum reinen Platzhalter für andere Symbole (zum Beispiel für Wahrheitswerte). Kenogramme sind Sequenzen solcher Leerstellen.

Kenozahlen / Kenoarithmetik: Dem klassischen Zahlenbegriff liegt die Iteration eines einzigen Symbols (zum Beispiel: aaaa = 4) oder die Akkretion mehrerer Symbole (zum Beispiel: abcd = 4) dialektisch zugrunde. Zwischen diesen beiden Auffassungen plaziert Gotthard Günther die Kenozahlen, die er als Kenogramme einführt. Zum Beispiel wird die Zahl 4 auch durch die Kenofolgen aaab / aabb / aabc usw. repräsentiert. Damit wird die lineare Struktur der klassischen Zahlengeraden verlassen. Die Übertragung der Regeln der klassischen Arithmetik auf diese Kenozahlen versucht Gotthard Günther in seiner Kenoarithmetik vorzunehmen.

Kontextur: Unter einer Kontextur verstehen wir einen zweiwertigen Strukturbereich, der sich bei logischer Deutung als System der klassischen zweiwertigen Logik erweist. Innerhalb einer Kontextur können sich auch verschiedene zweiwertige Subsysteme ausbilden, sogenannte *Kontexte*, die untereinander hierarchisch geordnet sind. In diesem Fall spricht man von einer Kontextlogik. Ein System heißt *polykontextural*, wenn es aus mehreren Kontexturen besteht, die untereinander durch die *Vermittlungsrelation* verknüpft sind. Zum Beispiel können Wahrheitswerte aus verschiedenen Kontexturen durch eine *Umtauschrelation* gekoppelt sein. Im einfachsten Fall besteht ein polykontexturales System aus drei Kontexturen, das bei Bedarf durch weitere Kontexturen seine Komplexität erhöhen kann. Bei Erweiterung um eine Kontextur ergeben sich automatisch neue Kontexturen, sogenannte *Verbundkontexturen*, die die neuen mit den alten Kontexturen vermitteln. Dadurch sind die einzelnen Kontexturen untereinander nicht hierarchisch, sondern heterarchisch geordnet. Polykontexturalität ist daher unter anderem gekennzeichnet durch *Intrakontexturalität*, die Strukturbeschreibung einer Kontextur, *Interkontexturalität*, die Beschreibung der Vermittlung zwischen den einzelnen Kontexturen, und *Diskontexturalität*, die Beschreibung der Kontexturgrenzen.

Morphogrammatik: Als Morphogrammatik bezeichnet Gotthard Günther jenen Bereich der Kenogrammatik, die bei Untersuchung polykontexturaler Systeme verwendet wird. Ein Morphogramm (»morphe« heißt »Gestalt«) ist eine Folge von Kenogrammen.

Multinegator: In mehrwertigen Logiken gibt es im Gegensatz zur zweiwertigen Logik mehr als eine Möglichkeit der Negation. Zum Beispiel wären in der im vorliegenden Text behandelten Logik mit den drei Werten I, R, D der Austausch der Werte I und R bei fixem D sowie der Austausch der Werte R und D bei fixem I zwei verschiedene Negationsoperatoren.

Negativsprache: Für Gotthard Günther ist die Idee des Nichts bei Heidegger oder die zweite Negation Hegels, die das Denken des Seins negiert, um das Denken des Denkens zu thematisieren, nichts anderes als ein Name für einen Möglichkeitsraum. Dieser Möglichkeitsraum ist unendlich iterierbar. Günther sieht im Sprachstil Heideggers und Hegels das Scheitern des Versuchs, diesen Möglichkeitsraum sprachlich aufzufüllen. Sein Projekt dagegen intendiert die Entwicklung von »Negativsprachen« auf der Basis der Formalisierung dieser Negation.

Proemialrelation: Die Proemialrelation stellt die reine Möglichkeit der Verbindung zwischen dem, was verbunden wird (Relatum), und dem Verbindenden (Relator) dar. Als reine Möglichkeit gehört sie zur Ebene der kenogrammatischen Struktur. Sie wird allein konkret in der Verkoppelung einer symmetrischen *Umtauschrelation* mit einer asymmetrischen *Ordnungsrelation*. Durch die Proemialrelation wird festgelegt, wie ein allgemeiner Relator mit einem Relatum in der Relation verbunden ist.

Stellenwertlogik: Die Stellenwertlogik ist eine mehrwertige Logik, wobei je zwei unterschiedliche Werte genau eine Kontextur

– logische Stelle bzw. logischer Ort – definieren, in der diese beiden Werte die Rolle von Wahrheitswerten übernehmen. Der logische Wert ist also nicht allein Wahrheitswert, sondern indiziert gleichzeitig seinen Ort, seine Stelle im System.

Strukturtypentheorie: In der Strukturtypentheorie behandelt Gotthard Günther die Frage, wie in generell m-wertigen Systemen Subjektivität und Objektivität, also Designation und Nicht-Designation unterschieden werden können. Gemäß der Anzahl der designierenden Werte folgt jeder (mehrwertigen) Ontologie eine entsprechende Anzahl logischer Systeme.

Transjunktion: Die Transjunktion ist eine Operation zweier logischer Variablen in einem polykontexturalen System. Die Kontexturen sind bei dieser Operation nicht invariant, das heißt, eine Transjunktion überbrückt die Grenze zwischen zwei verschiedenen Kontexturen. Als Beispiel für eine solche Transjunktion kann die *Rejektion* angesehen werden. Zwei logischen Werten aus einer vorgebenen Kontextur wird der sogenannte Rejektionswert zugeordnet, der in einer anderen Kontextur positioniert ist. Man kann diesen Rejektionswert als Verwerfung der intrakontexturellen Operation verstehen.